关于《答案》

2021 年 4 月 19 日，腾讯发布了公司历史上的第四次战略升级，提出"可持续社会价值创新"战略，并宣布设立"可持续社会价值事业部"(以下简称"腾讯 SSV")推动战略落地。随后，腾讯 SSV 携手中国儿童中心一起发布了《2021 未成年人互联网兴趣洞察报告》(以下简称《报告》)。

《报告》面向全国 6–16 岁未成年人开展线上问卷和线下访谈，聚焦未成年人使用互联网的兴趣爱好、关注领域、行为兴趣等，从中了解到了未成年人的思考方式、行为习惯，《报告》所反映出来的状况成为观察 α 时代未成年人的一面镜子。在对《报告》的整理中，我们收到了 4000 多个关于现状、未来的问题，并将它们归于"科学大爆炸""身边的互联网""成长的烦恼"和"未来是什么"四个领域，并对具有代表性的问题进行解答，从而有了"答案"。

我们邀请了各个领域的专家，解答具有代表性的问题，并汇集成书。2021 年 8 月，《答案》系列丛书第一册出版发行，在不到半年的时间里，我们陆续收到了许多未成年人与家长朋友的留言。他们表达了对此书的关注与喜爱，也分享了自己感兴趣的问题。

2021 年底至 2022 年初，中国空间站"天宫课堂"开启，太空授课活动点燃了孩子们的好奇心与热情，他们也提出了很多精彩的问题。于是，我们邀请了天文学家毛淑德、张双南等 10 余位专家学者来回应这些问题，形成了这本《寻找太空的答案》。书中，专家学者们还分享了他们成长过程中的历练与感悟，希望在传播知识的同时，鼓励小读者们努力学习，在生活中获得属于自己的"答案"。

本套书在策划过程中遇到了一些波折，所幸这些问题都得到了来自腾讯 SSV、社会各界的支持，并得以很好地解决。我们希望通过公益性出版能够为更多的未成年人答疑释惑，也希望能够收到更多来自未成年人的提问。

愿这套书能够成为通往未成年人内心的一座桥、一条路、一扇门，让我们之间的代际鸿沟缩小一些，让我们更了解你们；同时，也让你们知道，我们有多爱你们。

这就是，《答案》。

答案工作室

《答案》系列丛书

寻找太空的答案

答案工作室 编
中国航天基金会 监制

这是一份
来自科学家的回应，
解答了孩子们关于
太空的"十万个为什么"。

电子工业出版社·
Publishing House of Electronics Industry
北京·BEIJING

不一样的年代，一样的童年

小读者们：

　　大家好！

　　我是中国儿童中心的主任苑立新，在儿童教育工作领域已经服务数十载。我很高兴能通过这样一种方式和你们交流，为你们推荐《答案》这套书。

　　为什么我的推荐序的标题是"不一样的年代，一样的童年"呢？

　　我是 20 世纪 60 年代出生的人，可能和你们的长辈的年龄相近。在我们那个年代，物资极度匮乏，能够拥有一本属于自己的课外书，是一件很奢侈的事情。今天的你们出生在互联网高速发展的时代，获取信息的途径早已不单单是通过一本书了。但我们在童年时期都是爱玩、爱闹、爱思考、爱问"为什么"的。

　　随着互联网信息时代的到来，知识不停迭代，爱思考的你们慢慢地不再和忙碌的我们交流，也不再向我们提问了，你们更喜欢自己去网络上寻找答案，但那些答案是否能够真正解答你们心中的困惑呢？其实，我们很想走进你们的世界，听听你们的思考、回答你们的问题，或者和你们一起去思考。

　　我们在全国近一万名中小学生提出的逾 4000 个问题中遴选出不到 200 个问题，并找到相关领域的专家进行解答，编写了《答案》这套书。

　　回答问题不是我们做这本书的目的，在回答问题的基础上，再给你们一个来自成人世界的"回应"才是我们做这本书的初衷。能够和你们通过"见字如面"的形式进行交流，并回答你们的问题，我们乐在其中。

　　我和我的伙伴们非常希望你们将这本书看成是自己的一位"好朋友"，可以倾诉心事、烦恼，分享奇思妙想。

苑立新　中国儿童中心主任

2021 年 7 月

做个"有问题"、有爱好的青少年

工作原因,我有幸结识了很多成就斐然的科学家,他们无一例外,智商高还很努力。有一次,我偶然碰到一位刚刚担任学校领导职务的美国天文学家,好奇他在繁重的行政工作外如何还有时间从事科学研究?他的回答令我印象深刻,他说:"如果一个人中了奖,那他无论如何都能找到领奖的时间。"同理,一个热爱科学的科学家,无论如何也能抽出时间与他热爱的科学相处,哪怕是挤压周末的休息时间。

毕竟,从事自己热爱的工作是一件相当愉快的事情,而这份对于科学的热爱大多源于人类的好奇心。比如,人类为何达不到参天大树的高度?空间和时间是否无限可分?看似永恒的星星是否经历生老病死?宇宙从何处来,往何处去?人生和宇宙的意义是什么?科学事业能使人更为崇高吗?

浩瀚的宇宙看起来包罗万象、极为复杂,但其本质又非常简单。万物的运行状态看似千差万别,实则不过受四种力(万有引力,电磁力,弱相互作用力,强相互作用力)的支配罢了,它们甚至可能被统一成一种力(大统一理论),这就是宇宙的简约之美。科学家们终其一生的梦想,归根结底就是探寻宇宙的工作机制,追求普适的真理。

作为一个清华的教书匠,讲课和与学生们讨论,是我一周中最为愉快的时光。如果某个学生能问出一个让我意想不到、需要仔细思考的问题,我会非常开心。相反,每次路遇那些背着沉甸甸书包的中学生,我都担心他们会逐渐丧失自己的好奇心,丢弃自己的爱好。我希望每个学生在读一篇文章、看一本书、听一个报告时,都能提出一个好问题,这也是我甄别学生是否优秀、是否有科研潜力的方法之一。

因为几个清华学生参与了《寻找太空的答案》的问答,我也阅读了其中的几章。孩子们问了很多好问题,但答案"或有时而可商"。毕竟,科学与日俱进,今日的正确答案很可能是明日待修正的错误结论。所以,我希望孩子们可以尽情地找寻答案中的错谬,反馈给编辑。

但愿这本书能进一步扩展孩子们的脑洞,激发他们独立思考、理性批评的能力,使他们成长为"有问题"、有爱好的青少年!有了他们,中国科学才会更有希望!

王晓德 清华大学天文系主任、腾讯科学探索奖发起人之一

2022 年春写于清华园

目录

奇思妙想 50 问

👤 乔辉（中国科普作家协会会员 中国天文学会会员）

太阳和太阳系

① 太阳为何会发光发热?

» 太阳发光发热的能量是靠核心处发生的核聚变反应提供的。

太阳的能源问题曾经长期困扰着科学家。假设太阳是一个大煤球，科学家经过计算发现，这只能维持燃烧 5000 年，这种假设显然是不成立的。假设太阳是靠自身的引力收缩释放能量发光，但仅能维持 2000 万年，也是不成立的。在 20 世纪初，随着人类对原子核认识的深入，科学家才逐渐意识到太阳是靠核聚变发光发热的。太阳核聚变发生在核心区域，那里的温度超过 1500 万摄氏度，压强超过 2500 亿个大气压，每秒能把 6 亿吨氢转变成氦，同时释放出巨大的能量。

② 太阳会熄火吗？

>> 太阳中心的氢聚变成氦、氦聚变成碳，无法继续聚变时，太阳就会熄火，并最终演变成一颗致密的白矮星。

目前太阳的年龄在 46 亿岁左右，还处于中年时期，再过大约 50 亿年，核心的氢利用完毕。随后，由氦组成的核心发生收缩，引发核心周围的氢继续燃烧，此时太阳会逐渐变成一颗硕大的红巨星。随着太阳核心处氦的继续积累，当温度升高到一定程度，就会发生短暂的"氦闪"现象，氦闪过后进入平稳的氦聚变阶段。此时的红巨星不太稳定，经常发生脉动膨胀，丢失外层物质。最终，中心剩余物质变成致密的白矮星，丢失的物质变成围绕白矮星的行星状星云。

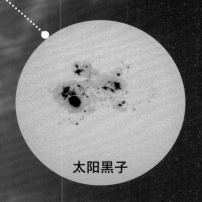

太阳黑子

③ 太阳上为什么会有黑子？黑子的温度很低吗？

>> 黑子是磁场压制对流的结果，黑子的温度并不低，有 3000 多摄氏度。

太阳距离地球大约 1.5 亿千米，我们仍能感受到它无比炽热，其表面温度更是高达 5500 摄氏度。那么，太阳上为什么有黑子？因为太阳存在很强的磁场，经常有磁感线从太阳表面穿出和穿入，在穿出和穿入的地方就形成了太阳黑子。太阳表面存在强烈的对流，就像锅里沸腾的开水一样，在有强磁场存在的区域，对流得到压制，对流的减弱导致温度相对较低。需要强调的是，黑子的温度有 3000 多摄氏度，只比太阳其他部位的温度低一些。

④ 月球上有没有空气？

最新科研表明，月球表面有一层稀薄如真空的大气。

月球的质量大约是地球的八十分之一，表面引力大约是地球的六分之一。由于引力过小，月球抓不住在其表面做高速热运动的气体分子，所以无法形成类似地球表面的大气层。最新科学研究表明，月球上有一层非常稀薄的大气，但大气压仅仅相当于地球的三千万亿分之一，这已经与真空相差无几了。科学家估计，整个月球大气的质量不超过10吨。

⑤ 月球的背面到底是什么样子的？

» 月球背面与月球正面的地形有很大不同，月球背面有数量更多的环形山。

由于"潮汐锁定"的原因，月球始终只有一面朝向地球。科学家发现，月球背面与月球正面的地形有很大不同。在月球的正面分布有大量的月海（月面上比较低洼的平原），占正面总面积的31%。而月球背面则布满了大大小小的环形山，月海面积仅占背面总面积的1%。这主要是由于月球背面受到更多小行星撞击造成的。因为月球的正面能受到地球的防护，而背面则完全暴露在外。在2019年1月3日，我国嫦娥四号探测器成功在月球背面软着陆，并通过"鹊桥"中继星传回了世界历史上第一张近距离拍摄的月球背面影像图，揭开了月球背面的神秘面纱。

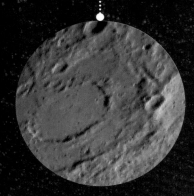

环形山

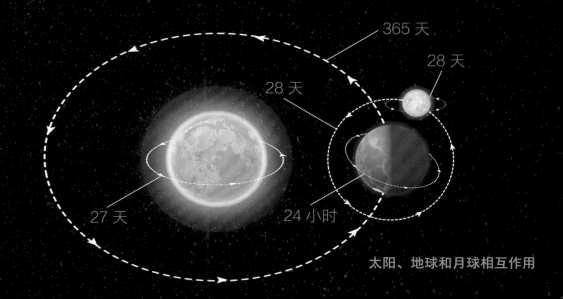

365 天

28 天

28 天

27 天

24 小时

太阳、地球和月球相互作用

⑥ 为什么在地球上看不到月球的背面？

» 这是由于月球的自转周期等于其绕地球的公转周期。

要想把月球的背面解释清楚，就要从潮汐力讲起。我们在海边能直观地看到潮涨潮落现象，是因为太阳和月球对地球有潮汐力。由于月球距离地球比距离太阳近得多，月球对地球的潮汐力大约是太阳的两倍，因此我们着重考虑月球对地球的潮汐力。月球的潮汐力使得地球靠近月球的一侧和远离月球的一侧都会微微隆起，这两个隆起都会对地球自转起刹车作用，这也是地球越转越慢，每过几年就会增加一个闰秒的原因。同理，地球的潮汐力以同样的方式作用到月球，使月球的自转逐渐变慢，最终使其自转周期等于公转周期，月球只有一面永远朝向地球，这种现象在天文学上叫"潮汐锁定"。

⑦ 未来我国还将发射哪些月球探测器？

» 嫦娥六号、嫦娥七号和嫦娥八号。

我国通过"嫦娥探月工程"成功向月球发射了嫦娥一号、嫦娥二号、嫦娥三号、嫦娥四号，以及嫦娥五号探测器，并成功从月球取回了月壤。根据计划，我国后续还将依次发射嫦娥七号、嫦娥六号和嫦娥八号探测器。为什么先发射嫦娥七号，后发射嫦娥六号呢？这是因为嫦娥六号是嫦娥五号的备份探测器，嫦娥五号的采样返回任务非常成功，给了嫦娥六号从月球其他地点采样的新机会。目前，科学家对月球南极非常感兴趣，于是我们计划先发射嫦娥七号去月球南极进行先期调查研究，再派嫦娥六号去月球南极采样返回。目前我国计划在 2030 年前发射"嫦娥八号"。

❽ 人类什么时候重返月球？

》》根据美国和中国的载人登月规划，人类大概能在 2030 年前后重返月球。

在 20 世纪 60 年代，美国实施了著名的"阿波罗"登月计划，从 1972 年"阿波罗 17"号最后一次登月到 2022 年，整整 50 年过去了，人类再也没有踏上月球。当然，月球的无人探测任务一直如火如荼地进行着。2021 年，我国的"嫦娥五号"探测器还把 1731 克月壤成功带回了地球。目前，美国国家航空航天局（NASA）制定了"阿尔忒弥斯"重返月球计划，打算 2025 年把航天员送往月球南极。据官方媒体披露，我国重型登月火箭计划将在 2028 年首飞。

❾ 人类什么时候能登陆火星？

》》根据世界各国的航天计划，人类大约在 21 世纪 30 年代或 40 年代登陆火星。

截至 2022 年 2 月，人类已尝试 47 次发射无人火星探测器，完全成功和部分成功的共计 26 次。其中比较著名的有美国的"好奇"号火星车和"毅力"号火星车、中国的"祝融"号火星车等。但人类从地球发射载人飞船登陆火星和发射无人火星探测器差异巨大，且极为复杂。一方面，从地球飞往火星大约需要 8 个月的时间，在漫长的飞行途中需要大量的生活物资和生命支持系统，以致飞船的重量大大增加。另一方面，飞往火星不是单程旅行，还要从火星安全返回地球，这无疑又增加了工程难度。美国、中国和俄罗斯都曾经提出要在 21 世纪 30 年代或 40 年代尝试载人飞船登陆火星。美国太空探索技术公司（SpaceX）也提出了载人登陆火星计划。在 2016 年，马斯克（Elon Musk）曾计划 2024 年载人登陆火星，这看起来不可能实现了。在 2020 年，马斯克又将载人飞船登陆火星的时间推迟到 2026 年，但根据目前的进展来看，可能性也不大。不管如何，让我们拭目以待吧。

⑩ 未来人类要建立月球基地吗？

>> 月球是人类走向深空的最佳跳板，建立月球基地只是时间问题。

　　月球是离地球最近的天体，相对于广袤的宇宙空间，月球犹如在家门口，月球的引力只有地球的六分之一，航天器的逃逸速度只有2.4千米/秒，非常适合作为人类向深空发射航天器的基地；也是人类向深空进发的跳板。另外，月壤中含有丰富的氦-3资源，氦-3是一种非常清洁的高效核聚变燃料。可以想象，未来人类必将大规模开发和利用月球，也就必然要建立月球基地了。

⑪ 人类能把火星改造成地球吗？

>> 理论上，改造火星是可行的，但工程难度远远超出了人类目前的能力。

　　这个问题科学家早已研究过了，还创造了一个学术名词，叫"火星地球化"。在太阳系的四颗岩石行星中，火星的环境与地球最为接近。水星和金星的温度太高，人类无法登陆。火星有薄薄的大气层，气压为地球的1%，局部最高温度甚至可达35摄氏度，当然平均温度还是比较低的，只有零下63摄氏度。因此，未来如果对行星进行地球化改造，火星是相对最容易的一颗。当然，容易是相对的，以人类目前的技术水平还无法做到，但这并不妨碍科学家去研究和探讨。首先要提高火星大气压，这可通过释放冻结在火星极地的大量干冰（固态二氧化碳）实现；其次要让火星变得湿润，这也可以通过融化冻结在火星极地的冰实现。据科学家推算，即便把火星南极的冰全部融化，也只能使火星覆盖数米深的海洋。除此之外，要想维持往来之不易的浓密大气和海洋，还要让火星拥有全球性磁场，不然太阳风早晚会把大气慢慢吹走。有科学家设想利用巨大的超导线圈给火星制造全球性磁场，超导线圈除用于制造磁场外，还能作为一种储能装置，可谓是一举两得。这些办法虽然有一定的科学性和合理性，但改造火星对于21世纪的人类来说，难度还是太大了。

土星

海王星

火星

金星

⑫ 土星真的能漂浮在水上吗？

》 这个假设是为了强调土星的密度比水小。

　　根据浮力原理，物体受到的浮力等于其排开液体受到的重力，这可以得出一个推论，密度小的物体可以漂浮在密度更大的液体上，例如，冰的密度比水小，可以漂浮在水面上。土星的整体密度仅相当于水的70%，这就是土星能够漂浮在水上的说法的来历。大家都清楚，这只是一个假设，就像阿基米德声称的那样，给他一个支点，他就能撬动地球，当然这是不可能做到的。

⑬ 人类什么时候能够登陆金星？

》 金星上的温度能够让铅熔化，没有航天员乐意去尝试。

　　在太阳系内，金星和地球好像一对孪生姐妹。金星的直径相当于地球的95%，质量相当于地球的80%，表面重力相当于地球的90%。两颗行星身材一样，"脾气"却大不相同。金星距离太阳更近，大气成分中96%是二氧化碳，温室效应严重，表面温度高达464摄氏度，就是把铅放在上面也能熔化。另外，金星的大气压相当于地球的92倍。这样高温高压的恶劣环境，恐怕没有航天员乐意去尝试。

木星

水星　　　地球

天王星

⑭ 木卫二海洋里有外星生物吗？

➤ 木卫二海洋中是否有生命存在，目前尚无定论。

木星有四颗著名的大卫星：木卫一、木卫二、木卫三和木卫四。木卫二又叫欧罗巴，最令人感兴趣。科学家根据现有资料推测，在木卫二厚厚的冰层之下隐藏着巨大的海洋，含水量比地球海洋里的水还要多。但毕竟是推测，还需要使用专门的探测器去研究。目前，有两个探测器已经安排上了，它们分别是欧洲航天局的"木星冰月探测器"（JUICE）和 NASA 的"欧罗巴快帆"（Europa Clipper），前者计划于 2023 年发射，后者计划于 2024 年发射。如果木卫二上的海洋最终得到确认，我们想确定里面是否有生物，还要发射探测器潜入其海洋中看一看。科学家确实有这方面的打算，不过目前还正在论证方案。

⑮ 水星上有水吗？

➤ 水星上面没有液态水，但在两极阴影区可能存在冰。

水星是离太阳最近的行星，公转周期是 88 个地球日，自转周期接近59 个地球日。水星白天的温度高达 400 摄氏度，没有大气层，所以是不可能有液态水存在的。但雷达探测表明，在水星极地的环形山底部或许蕴藏着大量的冰，那里的温度终年都比较低，因此可能有冰的存在。

16 冥王星为什么不属于大行星了？

>> 冥王星不符合大行星的定义。

　　2006 年以前，太阳系内有九大行星，在 2006 年以后，太阳系内少了一颗行星，变成了八大行星。这是因为国际天文联合会对行星进行了重新定义，把冥王星逐出了九大行星行列，降级为矮行星。根据新定义，行星要满足三大条件：一、呈球形；二、独立绕太阳运动；三、清空轨道周围的邻近天体。冥王星满足前面两个条件，但不符合第三个条件。冥王星处于柯伊伯带，除了冥王星之外，柯伊伯带上还有很多大大小小的天体。在 2005 年，天文学家在柯伊伯带内发现了一颗体积十分接近冥王星，且质量还大于冥王星的天体，起名为阅神星。如果再不给行星下一个明确的定义，恐怕太阳系内行星的数量会越来越多了。从这个角度看，新的定义确实比较合理。

海王星

火星

17 天王星为什么躺在轨道上绕太阳运动？

>> 科学家推测，天王星是被一颗地球大小的行星撞歪的。

　　地球自转轴的倾角是 23.5°，是侧着身子绕太阳公转的。相比之下，天王星自转轴的倾角达到了 98°，也就是躺着围绕太阳公转。天王星为什么倾斜得这么厉害？科学家推测，在距今大约 30 亿到 40 亿年间，天王星是被一颗地球大小的行星撞歪的。

天王星

⑱ 听说海王星是用笔发现的?

>> 海王星是先根据理论计算推测存在，而后被观测证实的。

这里采用了借代的修辞方法，代指海王星是通过理论计算推测出来的行星。发现天王星之后，天文学家利用牛顿万有引力公式对其轨道进行计算，但计算结果总是与实际观测不符。于是有人大胆推测，天王星受到了一颗未知行星引力的干扰，并计算出了该未知行星的轨道。后来，天文学家果然用望远镜在理论位置上发现了这颗行星——海王星。

水星

土星

金星

地球

木星

黑洞、虫洞、引力波

⑲ 物体进入黑洞会怎么样？

>> 会被黑洞拉成长条，然后吞噬。

　　黑洞是宇宙中最奇异的天体，拥有巨大的引力，就算是宇宙中速度最快的光线，一旦进入其势力范围也无法逃脱。黑洞的势力范围就是科学家通常说的"视界"。计算表明，黑洞质量越小，潮汐力越强，也就是拉扯物体的能力越强。当物体落向黑洞时，首先会被潮汐力拉成长条形，然后越过视界被完全吞噬，最终落向中心的奇点。比如，我们时常能观测到黑洞吞噬恒星的现象。当恒星靠近黑洞时，会被潮汐力拉成条状，由于恒星相对于黑洞通常有一定的角动量，恒星中的物质首先会围绕黑洞形成一个吸积盘，然后逐渐落入黑洞。

⑳ 如果把地球压缩成黑洞会是什么样子？

>> 只有鹌鹑蛋大小，但吸引力惊人。

　　假如用外力把地球不停地压缩，当压到半径为 9 毫米的时候就可以停止了，此时地球就变成了一颗小黑洞。地球小黑洞的半径仅为 9 毫米，大约只有一颗鹌鹑蛋大小。但这颗鹌鹑蛋大小的黑洞可不是好惹的，给它足够的时间，它能吞噬掉遇到的一切。想象一下，假如把月球压缩成一颗黑洞会是多大呢？其实非常容易计算，黑洞的视界半径与质量成正比，月球的质量大约是地球的八十分之一，那么月球压缩成的黑洞半径仅为 0.1 毫米。

㉑ 宇宙中最大的黑洞有多大？

》截至 2022 年，人类发现的最大黑洞相当于 1040 亿颗太阳的质量。

依据质量范围，宇宙中的黑洞可分为三大类：一、恒星级质量的黑洞；二、中等质量的黑洞；三、超大质量黑洞。其中恒星级质量黑洞是由大质量恒星在演化的末期发生引力坍塌形成的；中等质量黑洞的形成尚无定论，可能是由恒星级质量黑洞发生合并而成的；超大质量黑洞通常可达到数百万甚至数百亿颗太阳的质量，它们通常居于星系的中心。银河系中心就有一颗质量是太阳质量 400 万倍的大黑洞，M87 星系中有一颗质量是太阳质量 65 亿倍的黑洞，这颗黑洞就是 2019 年人类公布的首幅黑洞照片中的黑洞。有比 M87 星系中还大的黑洞吗？当然有！截至 2022 年，人类发现的最大黑洞相当于 1040 亿颗太阳的质量，这颗黑洞位于一个非常遥远的类星体当中。

㉒ 既然连光线都无法逃出黑洞，人类又是如何探测到黑洞的呢？

》人类探测到的是从黑洞吸积盘上发出的光线。

黑洞给人最深刻的印象就是能吞噬一切，包括光线。如果是孤零零的黑洞，我们真的没办法观测。但很多黑洞周围都有物质环绕，形成一个盘状结构，叫"吸积盘"。吸积盘内的物质围绕黑洞高速旋转，相互之间由于摩擦而发出炽热的光芒，包括从无线电波到可见光、从紫外线到 X 射线波段的连续辐射。吸积盘处于黑洞"视界"的外部，因此发出的辐射可以逃逸到远处，并被我们探测到。当黑洞与一颗正常恒星组成双星系统时，虽然黑洞是不可见的，但它的引力会影响恒星的运动，通过恒星的运动情况，我们也能得知黑洞的存在。

自从 2015 年人类探测到黑洞碰撞发出的引力波以来，我们又多了一个探测黑洞的手段。看似平静的宇宙，时常能聆听到黑洞碰撞发出的引力波轰鸣。

㉓ 第一幅黑洞照片是用什么相机拍摄的？

》 是天文学家动用了全世界八座毫米波 / 亚毫米波射电望远镜拍摄的。

在 2019 年 4 月 10 日，天文学家宣布人类首次直接拍摄到黑洞照片，这张照片中的黑洞看起来像一个甜甜圈。这颗黑洞距离地球 5500 万光年，质量相当于 65 亿颗太阳。由于黑洞距离地球过于遥远且隐藏在气体尘埃中，肯定不能用普通相机拍摄，哈勃望远镜也无法胜任。为了给这颗黑洞拍照，天文学家动用了全世界八座毫米波 / 亚毫米波射电望远镜，这些望远镜协调一致，共同虚拟出一个口径相当于地球直径的巨大望远镜，这架虚拟的望远镜叫作"事件视界望远镜"。从 2017 年 4 月 5 日起，这八座射电望远镜连续进行了数天的联合观测，随后天文学家对观测数据进行了长达两年的数据分析，我们才得以一睹黑洞的真容。

首次直接拍摄到黑洞

㉔ 虫洞真的存在吗？

》 理论上存在，但尚未在现实中发现。

虫洞是爱因斯坦场方程的一个特殊解，理论上能够连接相距遥远的不同时空区域。在电影《星际穿越》中，人类利用土星附近的一个虫洞进行了长距离宇宙航行，很快抵达了另外一个星系。但现实中，科学家还没有发现虫洞存在的可靠证据。理论物理学家基普·索恩（Kip Stephen Thorne）曾认真研究过虫洞，他得出的初步结论是：维持虫洞的稳定需要大量的负能量（这里的负能量可不是日常用语中的负能量哦），然而人类尚未发现或制造出任何负能量物质。在微观领域，负能量或许能够动态存在，微观粒子穿越微观虫洞倒是有一定的可能性。

㉕ 为什么黑洞碰撞能产生引力波？挥动手臂能产生引力波吗？

》 任何做加速运动的物体都能产生引力波。

理论上，任何做加速运动的物体都能产生引力波，黑洞碰撞能够产生引力波，我们挥动手臂也能够产生引力波，只不过挥动手臂产生的引力波非常微弱罢了。举一个例子，地球围绕太阳以30千米/秒的高速运动产生的引力波功率仅为200瓦左右，相当于家用台式电脑的功率。在2015年，人类首次探测到黑洞碰撞产生的引力波，这是由一颗29倍太阳质量的黑洞和一颗36倍太阳质量的黑洞碰撞产生的，引力波的峰值功率一度超过了整个可观测宇宙中所有恒星的辐射功率。

㉖ 人类能够利用引力波进行通信吗？

》 目前看来，可能性几乎没有。

自从人类认识并掌握电磁波后，通信技术迎来了革命性的转变，人与人之间的通信很多是利用电磁波进行的。于是当人类探测到引力波后，就有人开始憧憬引力波通信的美好前景。其实，电磁波和引力波的性质有很大的不同，电磁波与物质的相互作用比较强，容易产生，也容易接收。但是产生引力波极其困难，地球围绕太阳运动产生的引力波功率也仅为200瓦左右。而且引力波与物质的相互作用非常微弱，很难被捕获和接收。因此，很难想象人类利用引力波进行通信。

㉗ 为什么夜空中星星有不同的颜色？

>> 这是因为星星的表面温度不同。

夜空中的星星除了有几颗是行星外，其他的都是像太阳那样发光发热的恒星。肉眼可见的行星的不同颜色，主要是由其表面的大气和地貌性质决定的，例如，火星表面是赤红色的，所以看起来颜色发红。恒星的颜色完全由其表面的温度所决定。例如，在炼钢炉里，钢水是蓝白色的，出炉之后，钢水的温度慢慢降下来，颜色也逐渐变黄、变红，最后凝成黑色的钢锭。钢水颜色由浅变深的过程，也就是温度由高变低的过程。天蝎座的红色心宿二，其表面温度不超过 3600 开氏度。太阳看上去白色偏黄，它的表面温度大约是 5778 开氏度。织女星是白色的，它的表面温度比太阳高，大约为 10000 开氏度。

㉘ 在太空中看到的星空是什么样子的？

>> 在太空中看到的星空比从地球上任何地方看到的星空都更加震撼。

在 2021 年 12 月 9 日，神舟十三号飞行乘组王亚平、翟志刚和叶光富在中国空间站为小朋友们进行了一场精彩的太空授课，在问答环节，有小朋友提到了类似的问题。王亚平对这个问题的回答是：由于我们处在大气层之外，没有了大气的阻挡和干扰，所以看到的星星格外明亮。在地球上，人眼能够看到的星星大约有 6000 多颗。在无光污染的地方，夜空中密密麻麻的星星就足以令人震撼不已了，可以想象，在太空中人眼能够看到的星空只会更加震撼。

㉙ 太空中能区分白天和黑夜吗？

>> 这个问题要根据具体场景具体分析。

大家都知道，地球被太阳光照亮的一面是白天，另一面是黑夜，随着地球的自转，就形成了昼夜交替现象。那么人到了太空，情况就不同了。假如你在远离地球的深空，但尚未出太阳系，你时时刻刻都能看到太阳，这种情况下只有白天，没有夜晚。如果你像航天员王亚平那样在空间站上绕地球高速运动，每 90 分钟绕地球一圈，每圈都会进出地球阴影各一次，那么每天（24 小时）就能看到 16 次日出和日落。王亚平在太空授课期间也给小朋友提到过这个奇妙的经历。但空间站上航天员的日常作息还是要和地面保持同步的，我们睡觉时他们也睡觉，我们起床上学、上班时，他们也起床开始新的一天的工作。

㉚ 流星雨是如何形成的？

>> 太空中的一些颗粒物质密集进入大气层时产生的发光现象。

流星

很多小朋友都向往着看一场浪漫的流星雨，其实每年都有固定的流星雨出现，如英仙座流星雨、双子座流星雨，以及狮子座流星雨等。流星雨是太空的一些颗粒物质在特定时间段内，密集进入大气层产生的发光现象。这些颗粒物质通常只有砂砾大小，但它们相对于地球的速度很高，每秒能够达到 30 千米~70 千米，冲入大气层时会发出明亮的光芒。我们在没有光污染的地方观测流星雨效果更佳。

31 为什么彗星有一条长长的大尾巴？

>> 彗星的尾巴是太阳风和太阳光压共同作用的结果。

彗星是一种非常壮观的天体，拖着一条长长的大尾巴。在1986年，哈雷彗星来到地球附近，给人们留下了深刻的印象。当彗星向太阳靠近时，其表面的物质会挥发成气体，并向外扩散在太阳风和太阳光压的作用下，形成了背向太阳的长长彗尾。彗星的尾巴分两种：一种叫离子尾，一种叫尘埃尾。其中，离子尾暗淡而笔直，是太阳风吹拂的结果；尘埃尾明亮而弯曲，是太阳光压与太阳引力共同作用的结果。

32 超级月亮是如何形成的？

>> 当月球经过近地点时恰逢满月，就形成了超级月亮。

关注天文的小朋友应该会注意到，每过一段时间，媒体上就会出现超级月亮的报道。超级月亮是指满月看起来比平时大一点点的现象。月亮在刚刚升起和将要落下时也会看起来非常大，但这是一种错觉，不应和超级月亮的现象混淆。超级月亮的成因其实比较好理解。我们都知道月球围绕地球做圆周运动，但严格来讲，这个圆周并不是正圆，而是一个椭圆，因此月球围绕地球运动一圈会经过一次近地点和一次远地点。当月球经过近地点时恰逢满月，就形成了超级月亮。虽然客观上超级月亮比平常的满月要大一些，但其实人眼很难察觉出区别。

彗星的
彗尾和彗核

33 红月亮是如何形成的？

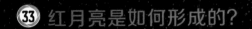

>> 当出现月全食时，阳光通过地球大气的折射和散射照射到月面，形成红月亮。

　　红月亮一般伴随月全食出现。我们知道，当月球、地球和太阳处于一条直线上，地球阻挡了太阳照向月球的光线时，就会发生月全食。但此时的月球并不完全是黑色的，而是红彤彤的。这是因为太阳光会通过地球大气层的折射作用照射到月面上，由于大气层对蓝光的散射作用比对红光的散射作用大，导致照射到月面上的红光更多，这就形成了漂亮的红月亮。其实，红月亮与朝霞、晚霞形成的原理有类似之处。

飞船与空间站

34 为什么飞船不会在太空到处乱飘?

>> 因为飞船受到地球的引力,围绕地球运动。

在日常生活中,当气球被大风刮走后会到处乱飘,这是因为风力和方向多变,根本无法准确预测气球的位置和速度。但到了太空就不一样了,那里处于真空状态,对于围绕地球飞行的飞船来说,地球引力是唯一的外力,飞行轨道完全由速度决定,绝不会乱飘。

35 航天员在空间站里能像在地面一样走路吗?

>> 航天员在空间站处于失重环境中,无法像在地面一样走路。

航天员在空间站处于失重漂浮状态,很难像在地面一样行走。空间站舱壁上安装了很多扶手和脚限制器,航天员要想从一个地方移动到另一个地方,只需轻轻推一下,身体就能飘过去。想停下来,就用手抓住附近的扶手。如果航天员要使用双手工作,可以用脚勾住脚限制器,将身体固定住。

有的小朋友可能听过航天员进行"太空行走"这一说法,其实这是航天员出舱活动的通俗说法。出舱活动过程中,如果航天员在舱外想从一个地方移动到另一个地方,可以用手抓住舱壁外的扶手移动身体,也可以让空间站机械臂直接将自己运送到工作地点,开展设备组装以及维修和维护等工作。

在空间站内活动

36 空间站里可以饲养小动物吗？

» 可以，目的是为了科研。

通常，为了科学研究人们会在空间站里饲养一些小动物。国际空间站饲养过很多小动物，像老鼠、蚂蚁、蜘蛛，甚至水熊虫等。在 2016 年，航天员景海鹏曾经在"天宫二号"空间实验室里饲养过 6 条可爱的蚕宝宝，目的是观察蚕宝宝在失重状态下的行为。总之，在空间站上饲养小动物是科研需求，不是航天员的私人行为。

37 空间站里的航天员还受到地球重力吗？

» 仍然受到地球的重力。

地球的半径超过 6000 千米，空间站运行在距离地面大约 400 千米左右的轨道上，可见空间站距离地球并不算远，经过计算得知，距地面 400 千米位置的重力加速度能达到地球表面的 90%。空间站和航天员在地球重力的作用下共同绕地球运动造成了所谓的"失重状态"。其实，"失重状态"并非真正失去了重力，而只是航天员感受不到重力而已。（注：严格来讲，重力和引力的定义有所差别，这里为了简化问题，统一用重力表示）。

38 钟表在太空还能正常使用吗？

» 要看钟表的具体类型。

钟表能否在太空正常使用，要看其结构原理。假如是老式摆钟，那肯定无法使用了。因为在太空失重状态下，摆锤无法摆动，摆钟就无法工作。假如是电子表和机械表，当然可以正常使用了。

39 空间站绕地球飞行时温度会有变化吗？

» 空间站外部的温度会有变化，内部的温度恒定。

空间站每 90 分钟绕地球一圈，一天能够看到 16 次日出日落，所谓的日出就是指空间站从地球的背阴面飞行到向阳面，所谓的日落正好相反。空间站在向阳面会受到太阳强烈的照射，表面温度会升高。相反，空间站飞行到背阴面时，表面温度就会变得很低。无论外部环境如何，空间站内部都是恒温的。

40 太空中没有空气传导声音，航天员之间是如何交流的？

>> 利用无线电进行交流。

绝大多数时间，航天员在太空中会待在宇宙飞船或空间站中，飞船和空间站内部是有空气的，航天员之间可以像在地面上一样进行交流。当航天员要执行出舱任务时，他们会穿上舱外航天服，舱外航天服是高科技装备，里面会有无线电通话装置。航天员之间、航天员和地面控制大厅之间都能实时通话。

41 普通人可以到太空旅行吗？

>> 可以。

去太空旅行需要经过严格的身体筛查，只有符合相关标准的人，才有资格进入太空。同时，也需要一定的经济条件。其实，早在 2001 年，美国企业家丹尼斯·蒂托就曾搭乘俄罗斯的联盟飞船，在国际空间站上游玩了 8 天，成为人类第一位太空游客。此后，又有 7 位游客搭乘俄罗斯联盟飞船进行了太空旅行。 在 2021 年，SpaceX 也启动了太空旅游项目，有 4 名普通人搭乘该公司的龙飞船去太空旅行了 3 天。除了太空探索技术公司，"蓝色起源"公司和"维珍·银河"公司也在发展太空旅游项目。但这两家公司主要做亚轨道太空旅游，只能携带游客飞到 100 千米处，触摸一下太空，体验 3 分钟的失重状态。随着未来越来越多的公司进入太空旅游市场，相信更多人有机会到太空旅行。

42 航天飞机为什么会退役？

>> 因为安全系数低，性价比低。

在 1981 年，美国成功发射了第一架航天飞机"哥伦比亚"号，一次就能把 7 名航天员送上近地轨道。美国总共建造过 6 架航天飞机，其中有 5 架投入了实际飞行。其强大的运输能力为建设国际空间站立下了汗马功劳！但遗憾的是，"挑战者"号航天飞机和"哥伦比亚"号航天飞机分别在发射和返回时发生了事故，导致共 14 名航天员罹难，5 架航天飞机失去了 2 架。在 2011 年 7 月 21 日，随着"阿特兰蒂斯"号航天飞机在肯尼迪航天中心的降落，所有航天飞机全部停飞。

由于航天飞机的性价比和安全性都没达到预期要求，退役自然是合乎情理的。目前，美国依靠 SpaceX 公司的载人龙飞船又重新恢复了载人航天能力。

天文望远镜

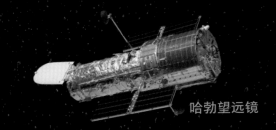

哈勃望远镜

43 为什么使用哈勃望远镜能看到非常遥远和暗淡的天体？

》 哈勃望远镜的镜片直径很大，而且身处太空中，所以使用它能看到更远更暗淡的天体。

　　地面上的光学望远镜要透过厚厚的大气层进行观测，而大气层是不停地抖动的，容易造成成像模糊。因此，把望远镜放到太空就是终极的解决办法，哈勃太空望远镜由"发现"号航天飞机运送到地球轨道，距离地面 500 多千米。哈勃望远镜镜片的直径达到了 2.4 米，口径越大，集光能力越强，同时分辨率也越高。硕大的口径，加上没有大气层对观测的干扰，让哈勃望远镜有了得天独厚的优势，能够帮助人们看到更加遥远和暗淡的天体。

44 2021 年底发射的韦布望远镜比哈勃望远镜厉害在哪里？

》 韦布望远镜的镜片比哈勃的更大，红外观测能力首屈一指。

　　韦布望远镜是目前最大的太空望远镜，口径达到了 6.5 米。望远镜的口径越大，就能够收集更多的光子，看到更暗淡的天体。韦布望远镜与哈勃望远镜最大的差异在于它们的工作波段不同。得益于大口径的红外观测能力，韦布望远镜有望观测到早期宇宙中的恒星和星系，让我们加深对恒星和星系的形成以及演化的理解，甚至还能够帮我们直接探测到系外行星的大气成分，探索外星生命存在的迹象。

45 "天眼"望远镜比韦布望远镜厉害吗？

》 使用不同类型的望远镜能够看到不同景象的宇宙，它们是互补关系。

　　位于我国贵州的 500 米口径球面射电望远镜，俗称"天眼"望远镜，它是地基望远镜，主要在射电波段（波长为 0.1 米 ~4.3 米）工作。由于大气层对射电波段的透明度较好，这种类型的望远镜在地面上工作得很好。韦布望远镜是红外望远镜，地球大气层中的水蒸气和二氧化碳对红外线的吸收比较强烈，因此要发射到太空中去观测，复杂程度和造价指数较高。不同类型的望远镜能够看到不同景象的宇宙，发现不同的奥秘，它们是互补关系。

46 银河系中存在适合人类生存的第二颗地球吗？

>> 理论上大概率存在，但目前尚未发现。

　　截至 2022 年 1 月 1 日，人类已经在太阳系外（银河系内）发现了 4905 颗行星，其中大多数是类木星的气态巨行星、类海王星的冰巨星及超级地球，类地行星占比不到 4%。在 2015 年 7 月，NASA 宣布在距离地球 1800 光年处发现了一颗类似地球的行星（代号为 Kepler-452b），称为"地球 2.0"。但人类对于这颗行星的大气成分和大气层存在与否都不知道，因此无法判定其是否适合人类生存。在 2020 年 1 月，科学家又发现了一颗位于宜居带上的地球大小的行星（代号 TOI 700 d），这颗行星距离地球 100 光年，但我们对其大气层的了解也较少，无法确定其是否适合人类生存。使用韦布望远镜，通过分析系外行星上的光谱，我们能够得知其大气成分，有望填补这块空白领域。另据科学家估计，银河系内有数百亿颗体积类似地球且位于宜居带上的行星。因此从概率上讲，银河系内可能存在适合人类生存的行星。

47 在没有地球引力的地方吹气球比在地面上更容易还是更难？

>> 不考虑其他复杂因素的话，难易程度是一样的。

吹气球的难易程度与地球引力没有关系，甚至与地球大气压也没有直接关系。人吹气球克服的是气球内外的气压差，这个气压差是由气球的弹性造成的。因此，无论是在地球上吹气球，还是在空间站里吹气球，或在外太空吹气球（不考虑其他复杂因素），难易程度是一样的。

48 宇宙中的星球为什么都是球形的？

>> 因为球形的物体势能最低、最稳定。

这个问题非常有意思，月球、地球、太阳以及各大行星都是球形。这是因为当这些大天体呈球形时，引力势能处于最低状态，能量越低就越稳定。同样的道理，在表面张力的作用下，水滴也趋向球形。值得一提的是，由于小行星这种小天体自身的引力非常小，其形状就可以随机生成了。

49 为什么地球会自转？

>> 因为形成地球的星云最初携带角动量。

不止地球，宇宙中的行星、恒星和星系等都在不停地转、转、转。这是因为宇宙中的天体最初是由星云坍缩而成的，星云多多少少都带有一定的初始旋转（角动量），当星云向内坍塌时，旋转就会越来越明显，就像花样滑冰运动员收起胳膊时，旋转会加快的原理一样。

50 为什么地球有引力？

>> 有质量的物体会造成时空弯曲，时空弯曲就表现为万有引力现象。

牛顿在《自然哲学的数学原理》里提出了著名的牛顿三大定律和万有引力定律。其中，万有引力定律指的是任何物体之间都有吸引力，不但地球对你有吸引力，你身边的一切物体都对你有吸引力，只不过非常微小罢了。由于地球的质量很大，产生的引力很强，才能把周围的一切牢牢抓住，还能让月亮围绕它公转。1916 年，爱因斯坦提出了广义相对论。广义相对论认为，有质量的物体都会造成时空弯曲，时空弯曲就表现为万有引力现象。

你好，月球

👤 **王倩**（国家航天局探月与航天工程中心研究员）

月球是什么样子的？

月球形成的 4 种假说

分裂说。这是关于月球起源最早的一种假说。科学家猜想，由于地球转速太快，把地球上一部分物质甩了出去，这些物质脱离地球引力后，围绕地球公转、飞行，通过吸积作用，逐渐凝聚在一起，形成了现在的月球。

俘获说。亿万年前，月球是太阳系中一颗游荡的小行星，一次飞行到地球附近时，被地球引力捕获，从此成为地球的卫星。之后，月球不断把进入公转轨道附近的物质吸积到一起，最终形成了现在的月球。

同源说。太阳系形成初期，地球和月球都是太阳系中弥漫的星云物质，都在太阳星云内旋转和吸积。在吸积过程中，形成了地球与月球，地球的形成更快，体积更大，它们的元素构成基本相同。

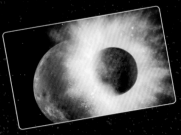

碰撞说。太阳系形成初期，在星际空间曾形成大量的"星子"，先形成了一个相当于地球质量 0.14 倍的天体星子，天体星子通过互相碰撞、吸积，合并成原始地球和小天体，这两个天体分别形成了以铁为主的金属核和由硅酸盐构成的幔和壳。一次偶然的机会，小天体高速撞击原始地球。剧烈的碰撞使二者同时破裂，幔和壳受热蒸发，膨胀的物质以极大的速度携带大量粉碎了的尘埃飞离原始地球。这些飞离原始地球的物质主要由小天体的幔组成，也有部分来自原始地球上的物质。小天体破裂时，与幔分离的金属核因受膨胀飞离的气体阻碍而减速，最终又被吸积到原始地球上。飞离原始地球的气体和尘埃并没有完全脱离原始地球的引力控制，通过相互吸积而结合起来，形成几乎熔融的原始月球，再逐渐吸积形成一个部分熔融的大月球，然后冷却。经过亿万年的演化，形成现在的月球。

目前，这 4 种假说均为科学家猜想，其中碰撞说为当前的主流观点。

月海玄武岩   斜长岩   角砾岩

月球上除了石头和土，还有什么？

月球是地球唯一的卫星，月球的直径是地球的四分之一，月球的质量是地球的八十分之一，距离地球平均距离 38 万千米，月球自身不发光，但能反射太阳光。月球整体上是灰色的，表面有暗区和亮区，分别称为月海和月陆，已确定的月海有 22 个，绝大多数分布在月球正面，其中最大的是"风暴洋"，面积约五百万平方千米；亮区是高地，山脉纵横，到处都是星罗棋布的环形山，月球上直径大于 1000 米的环形山多于 30 万个，月球上最高峰高达 10786 米，比地球上的珠穆朗玛峰还要高。

月球上有石头、土壤和固态水，没有动植物和微生物，总之，月球是一个没有生机的星球。月球上的石头称为月岩，土壤称为月壤，而月壤是由月岩风化而来。月岩、月壤由多种元素构成，包括铀、钍、钾、氧、硅、镁、铁、钛、钙、铝及氢。月岩主要有三种类型，第一种是富含铁、钛的月海玄武岩；第二种是斜长岩，主要分布在月球高地；第三种主要是由 0.1 ~ 1 毫米的岩屑颗粒组成的角砾岩。

月球有丰富的矿藏，稀有金属的储藏量巨大，还有广受关注的存储在月球两极永久阴影区中的固态水。

● 为什么月亮上有那么多坑？

　　月球表面是坑坑洼洼的，这些坑都是亿万年来陨石撞击月球形成的环形隆起的低洼地，而隆起的高处是环形山，最大的环形山是位于南极附近的贝利环形山，直径为 295 公里，最深的山是牛顿环形山，深达 8788 米。

　　由于月球上没有液态水和空气，因此陨石坑的风化程度非常低，同时由于月球是内核凝固的"死"星球，没有板块运动，因此陨石坑也就能长时间保留下来。

● 为什么月亮有时弯，有时圆？为什么晚上才能看清月亮？

　　由于月球本身不发光，在太阳光的照射下，向着太阳的半个球面是亮区，另外半个球面是暗区。随着月亮相对地球和太阳的位置变化，就使它被太阳照亮的一面有时朝向地球，有时背向地球；朝向地球的部分有时大一些，有时小一些，这样就出现了不同的月相，这就是月亮有时弯，有时圆的原因。月相就这样周而复始地变化着，时间间隔约 29.53 天，即中国农历一个月的时间。

　　月球本身并不发光，只反射太阳光。白天，月球亮度不够，相比之下，晚上我们能更清楚地看到月亮。

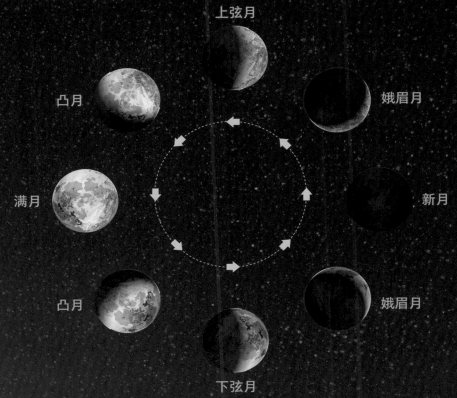

👤 **彭兢**（嫦娥五号探测器系统副总设计师）

我们在月球上发现了什么？

　　我们在月球上有很多发现，但是即使人类已经踏足月球 50 多年，更多的还是未知。总体而言，我们有两类发现。第一类是对已有的认知进行了确认；第二类是对月球有了新知。

　　第一类发现中，我们早已知晓月球上没有空气、没有海洋水体、没有生命等，探月工程帮助我们确认了这些已知的事实。第二类发现比较有意思，比如"嫦娥四号"之前发布的一张图片上有个"小屋"，由于图片分辨率受限，大家都在猜测它到底是什么，是不是外星人的住所？后来我们通过更高清的视像才知道，那是一块轮廓形似房屋的岩石。

　　2020 年 12 月，"嫦娥五号"带回来 1731 克月壤样品，并分批次发给科学家们。科学家们通过对月壤的分析、研究，发现月球上的火山活动并非已经沉寂了 30 亿年，可能在 19 亿年前仍有活动。这些发现刷新了我们的认知，也是我们继续探测月球和太阳系的动力，这将使我们更好地了解宇宙到底是怎样的存在。

　　关于探月工程，我国在 2003 年前后正式提出探月工程计划，到 2020 年底"嫦娥五号"圆满完成返回任务，这是一幅波澜壮阔的史诗画卷。目前已开展了三期探月工程，圆满实现了"绕、落、回"三步走的战略目标。

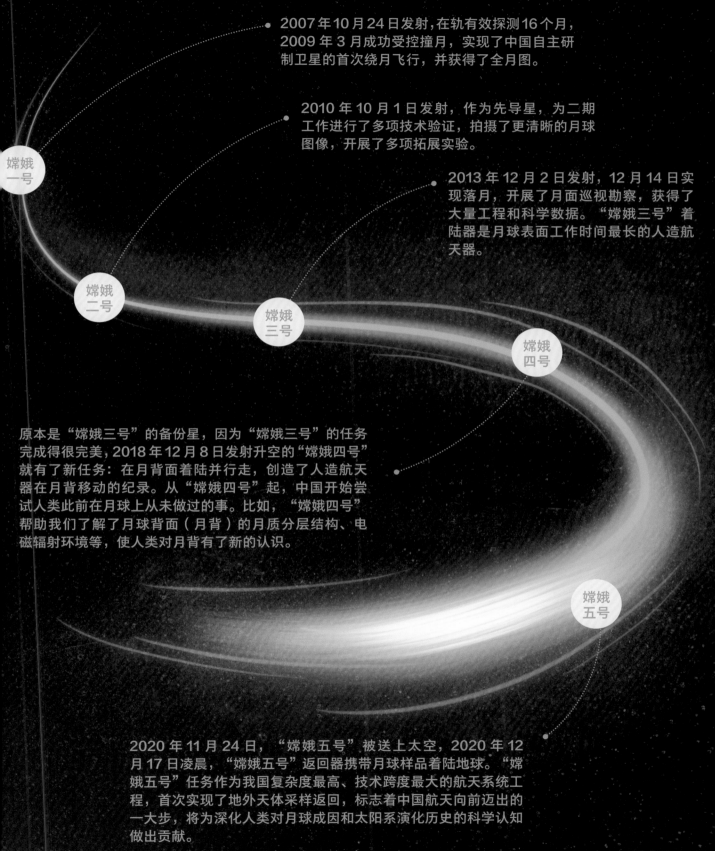

2007 年 10 月 24 日发射，在轨有效探测 16 个月，2009 年 3 月成功受控撞月，实现了中国自主研制卫星的首次绕月飞行，并获得了全月图。

2010 年 10 月 1 日发射，作为先导星，为二期工作进行了多项技术验证，拍摄了更清晰的月球图像，开展了多项拓展实验。

2013 年 12 月 2 日发射，12 月 14 日实现落月，开展了月面巡视勘察，获得了大量工程和科学数据。"嫦娥三号"着陆器是月球表面工作时间最长的人造航天器。

嫦娥
一号

嫦娥
二号

嫦娥
三号

嫦娥
四号

嫦娥
五号

原本是"嫦娥三号"的备份星，因为"嫦娥三号"的任务完成得很完美，2018 年 12 月 8 日发射升空的"嫦娥四号"就有了新任务：在月背面着陆并行走，创造了人造航天器在月背移动的纪录。从"嫦娥四号"起，中国开始尝试人类此前在月球上从未做过的事。比如，"嫦娥四号"帮助我们了解了月球背面（月背）的月质分层结构、电磁辐射环境等，使人类对月背有了新的认识。

2020 年 11 月 24 日，"嫦娥五号"被送上太空，2020 年 12 月 17 日凌晨，"嫦娥五号"返回器携带月球样品着陆地球。"嫦娥五号"任务作为我国复杂度最高、技术跨度最大的航天系统工程，首次实现了地外天体采样返回，标志着中国航天向前迈出的一大步，将为深化人类对月球成因和太阳系演化历史的科学认知做出贡献。

杨宏伟

未来我们能否到月球上居住？

　　目前，人类到月球居住还不太现实，但几百年后，人类应该是可以开启星际旅行的，到那个时候，想去太阳系中任何一个行星应该都不是问题。而月球是距离地球最近的一个星体，我们应该最早能够实现月球旅行。

　　从我们的太空发展历史来看，约53年前，人类开启了"阿波罗"登月计划，实现了将人类送到月球表面的伟大目标。但是在将人类送到其他星球前，人类需要先通过无人探测器或机器人开展探测，了解星体环境后，才能将人类安全送达。因此，各个国家都在争相将自己国家的无人探测器（如卫星、无人机）和行星表面机器人探测器送到月球、火星、金星、木星、小行星等星体上。其中能够飞行得最远的探测器可以追溯到1977年发射的、已经飞行了45年的"旅行者号"探测器。这个探测器已经于2012年8月25日进入星际空间，开启了星际旅行。由此看来，我们将探测器发射到太阳系乃至星际空间都已经不是难题了。只是，将人送到这些地方还需要考虑更多方面的问题，尤其是有关人的安全的问题。根据最新消息，Space-X公司正计划在未来五六年内将人类首次送到火星上。

到月球上居住需要克服哪些难题？

如果人类要到月球上居住，需要克服诸多难题，主要有以下四类。

第一，宇宙辐射。由于缺少类似地球磁场及大气层的保护，月球表面存在高剂量的宇宙辐射，严重威胁人类的身体健康。人类到月球居住，必须要解决宇宙辐射问题。可能的解决方案是，将居住舱掩埋到地下，或者将居住舱建造在月球的地下洞穴中，这样可以有效减少宇宙射线的危害。

第二，基本生存环境的满足。由于月球上的氧气极为稀薄，是一个近乎真空的环境，且昼夜温差极大，人类在这样的环境中根本无法存活。而且月球距离地球约 38 万千米，从地球运送补给十分昂贵，水、氧气、食物等物资应尽可能循环再生。因此，可以利用环境控制与生命保障技术，在居住舱内建立适合人类生存的小环境，建立小的"生态圈"。

第三，资源。人类的生活和建设都离不开资源，不仅如此，人体内也需要大量的矿物质和微量元素。这些资源如何解决？从地球运输明显不太实际，在月球上采集之后，如何就地利用呢？这些都是科学家和工程师需要考虑的问题。

第四，能源供应。目前，地球上的能源供应大都是靠排放二氧化碳实现的，这些二氧化碳已经对地球大气和人类生存造成了严峻的环境问题，或许地球上的清洁能源（如太阳能、风能、核聚变）供应方案才是未来人类在月球居住的能源方案。比如，在月球表面利用太阳能发电，就要有效解决电力储存问题，将月昼期间产生的电能储存起来，满足月夜不能发电期间的能源需求。

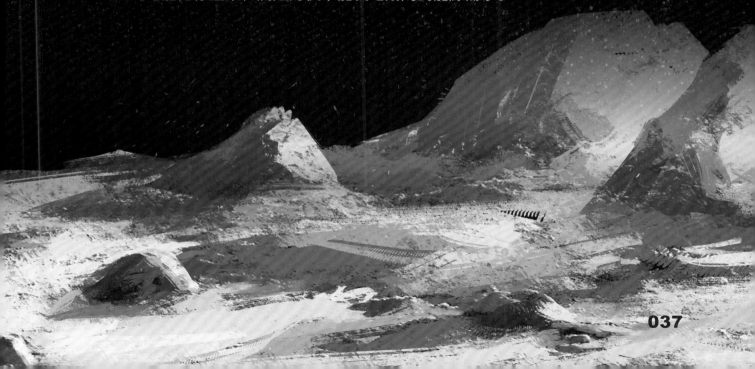

037

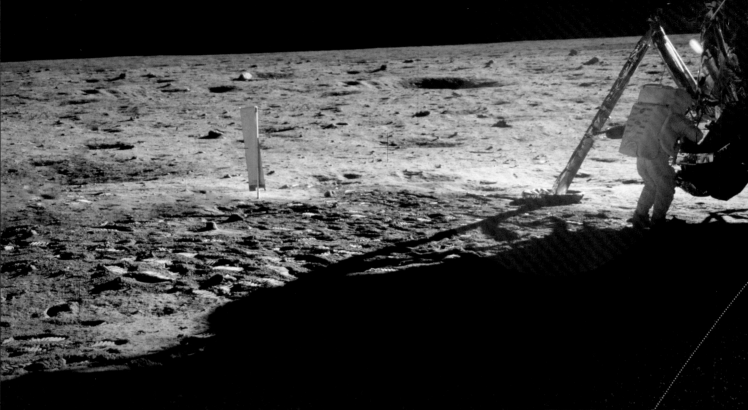

上面这些关于能源、资源（水资源、矿产资源等）的问题，与地球的形成和地质演化过程有直接关系。正因为一个星球经历了不同的地质演化过程，导致其表面乃至星球内部都存在不同的物质，包括水、矿产等这些资源的形成和储存。因此，研究行星首先要研究这个星体的地质形成和演化过程，初步认识和了解星体是如何演化到目前这个阶段的，星体的资源和能源在演化过程中发生了哪些变化，最终都存储在了什么地方，为什么会经历这一过程。

更深入来讲，地球也是一个星体，地球与其他星体都是在太阳系形成之初逐渐冷却而形成的，但是这些星体经历了不同的地质历史演变过程，导致目前只有地球母亲具备孕育人类这种高智能生物体的环境条件。科学家正在努力思考这些问题，思考地球和其他星体之间演化的异同，从而更好地了解星体、了解地球，掌握人类自己的命运。

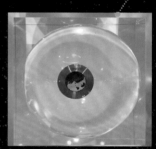

嫦娥五号土样

研究月壤的价值是什么？

研究一个星球的岩石或土壤样品，是认识和了解该星球演化的核心路径。

正如在地球上，科学家们采集的岩石标本，会经历几百万年乃至几亿年的风吹日晒或者由更直接的地质过程形成（包括岩浆融化、物理化学变化等过程）。因此，这些样品记录着这个岩石颗粒经历的不同地质和环境变迁，这些信息可以帮助科学家认识它的演变过程。了解这些岩石的最初状态，从而认识原始物质的成分和形成条件，有助于研究岩石及其地质过程，甚至了解原始的资源来源和分布特征，从而找到有用的资源储量。在地球上，科学家通过采集没有受到影响的岩石标本来认识地球的演变。

2020 年 12 月 17 日，中国首次从月球表面采集了 1731 克月球样品并带回地球。科学家可以通过这些样品进一步了解月球的演变。而且月球比地球存在更复杂的问题：在太阳系各个星体形成之初，出现过几次较大的陨石撞击事件，就像前文提到的科学界普遍认为的碰撞说：一个火星大小的星体曾撞击过地球，并最终形成了月球。月球形成后也经历了这个过程，且月球上没有大气，无法通过大气燃烧减小撞击作用。很多陨石直接撞击月球表面，形成了遍布月球的撞击坑，尺寸从毫米级到几千千米的范围。现在嫦娥四号搭载的玉兔二号探测车就在月球背面直径约 2400 多千米的撞击坑——艾肯盆地内开展探测。这些撞击作用，不仅将一个地区的物质撞到其他地区，导致物质混合，还带来了月球以外的陨石物质成分。因此，月球表面的土壤成分非常复杂，要研究这些采集回来的月壤（更严格地来说，应该称为"月土"，因为没有水分或有机质的土壤都称为"土"，不能称为"壤"），需要更多的耐心，以及借助高超的手段，将有用的信息提取出来，才能找到代表月球本身的物质成分，并对月球有更多的科学认识，同时也为未来的月球旅行做更充分的准备。

追梦少年，圆梦"嫦五"

——访嫦娥五号探测器系统副总设计师彭兢

彭兢生在新疆。少年时他在瓜田守夜，一抬头就能望到满天繁星。彭兢的"星缘"或许就在那时结下了。

儿时梦想是当一名科学家

小学作文题目"你的理想是什么"，彭兢写得最多的就是"当科学家"。他在《知识就是力量》这本杂志上读到"月球上没有嫦娥玉兔，有的只是陨石坑"，这激起了他极大的好奇心。后来他了解到的关于天体物理的知识越来越多，宇宙的神奇深深吸引着他，以至于有一天，他吵着要父母买一台5元钱的单筒望远镜。由于家境并不宽裕，父母没有满足彭兢当时"任性"的要求，但探索星空的梦想一直伴随着他，从小学、中学一直到考大学。

1989年，彭兢参加高考，想要报考南京大学的天体物理系。无奈当时该校系未在新疆招生，彭兢最终选择了北京航空航天大学（简称北航）。1989年到2002年，十多年里彭兢在北航的飞行力学专业完成了本科、硕士和博士学习，成了一名"三北生"。

求学期间，彭兢通过学习专业知识，发现所学与天文学、天体物理学等还是有很大区别。一边是专业，一边是兴趣，到底是从事航空还是从事航天？这个问题曾经像一根刺一样扎在他的心里。

在30岁那年，彭兢最终决定要以实现儿时梦想作为自己的职业选择。"人还是要有梦想的，万一实现了呢？"

彼时，中国航天事业经历了从无到有、从有到深的时代变迁，这让彭兢坚定了自己的选择。期间，中国科学院院士杨孟飞，大学时代的同学、中国航天科技集团第五研究院嫦娥四号任务探测器系统项目执行总监张熇等对他影响颇深，帮助他一步步适应节奏。

从一个"航天小白"到遥控"嫦娥五号"探测器从月球带回1700多克月壤，"努力付出，得到回报"的这个过程让他觉得非常浪漫。

设定一个小·目标，去月球

作为嫦娥五号探测器系统副总设计师，彭兢的日常工作就是设计月球探测器。这项工作听起来有些神秘、也很遥远，但他觉得也很普通：就是选择月球作为探测对象，设计一架机器人，去实现一个特定的任务目标。

嫦娥五号的目标任务是采样返回。这可一点也不简单，有许多已知和未知的门槛要迈。"这个目标既具体又抽象。"彭兢说，就好像说"我要去天安门"，中间有许多细节和问题需要研究、决策和解决。

彭兢把远期目标分解成季度、月度、每周的小目标。"每实现一个小目标都会及时获得成就感，坚持聚沙成塔、集腋成裘，目标就会实现。"

并不是每个小目标的完成都一帆风顺。彭兢分享了月球探测器采样时的一个小故事。在遥控人类第一个在月球采样的机械臂时，彭兢和团队遇到了一道艰难的选择题：在采挖环节，到底该让质量很轻的机械臂挖深一点还是浅一点？挖深了，机械臂可能会折断，采样工作将功亏一篑；挖浅了，在有限的采样时间里，可能只能挖出少量月壤样品。

为保险起见，探测器机械臂首先采取浅挖战术，一铲下去只有 30 克样品。如果按照既定 15 次采样的话，不可能完成采样超 1000 克的目标。

彭兢很是焦急，一边挖一边琢磨。正当此时，嫦娥五号探测器总设计师杨孟飞看到刚刚传回的月面照片，发现月球车在月面留下的车辙印较深，判断此处月壤比较松软，当机立断让机械臂挖深一些。果然，此后每一铲都能挖100 多克样品，且机械臂完好无损。

彭兢说，这件事说明航天工程背后是个组织严密的合作团队。面对这种重大任务，难免会遇到力有不逮的时候，彭兢的解压方法就是："相信团队和组织。""如果选择一个人去扛，有时候反而对推进工作不利。航天工程背后有千万人共同支撑，要相信总有解决办法。"

每个人都能从太空探索中获益

人们谈论起神舟飞船、探月探火、国际空间站等航天工程，往往民族自豪感油然而生。但航天工程不是面子工程。彭兢说，除了让民众振奋、为民族争光，航天科技的进步也推动着技术的突破和落地应用。比如 20 世纪 60 年代"阿波罗"登月计划，就实实在在带动了相关民用技术的发展，如今常见的纸尿裤、CT 技术都是率先在航天工程中发明和应用起来的。

彭兢说，在航天工程中，也会借助一些最新的技术手段，如超级计算机、自主控制、信息通信等。他现在时时刻刻思考的是，如何把最先进的技术用到探测器上、用在航天工程中。

就如 500 年前进入大航海时代，人类航天正面临百年未有之大变局。过去，人类的深空探测是为了满足好奇心，如今许多国家都在关注如何有效利用太空资源。并且，太空还承载着人类的未来——几乎成为共识的是，人们早晚要离开地球这个"摇篮"，未来的出路，太空就是可选项之一。

"基于外太空的探索，一定会造福人类。不远的将来，就会有普通人进入太空，去太空观光旅游、开展探索性活动等。"彭兢说。欧阳自远院士曾经指出，月壤中富含大量的氦 -3，如果能够开发利用，可为人类提供几千年的能源。当然这面前还有千百个技术难题要克服。"我们就是要解决这些难题，合理利用太空资源，让每个人都能从太空探索中受益。"

久仰，火星

北极初夏的冰盖
（1999年）

南极仲夏的冰盖
（2000年）

火星南极干冰升华后留下的奇特的洼陷地貌，迄今为止，在地球上没有发现类似的地貌景观。

》火星上的冰盖

　　火星表面的温差也比较大，在两极地区形成了形状奇特的冰盖。在火星纬度70°以上的极区则有不同的冰冻地貌类型。极区表面的最上层是水冰、干冰以及尘埃沉积形成的极冠，它随火星的季节变化而增大（冬季）和减小（夏季）。

》火星上的沙丘

　　火星上的大气在运动，火星表面经常刮风，这就形成了形态各异的沙丘，它们覆盖了整个火星表面。

　　可见，火星上风光无限，高山与峡谷相连，盆地中奇特的沙丘密布，火山和河流地貌告诉我们：这里曾经是非常宜居的，现今也是一个非常值得开展考古与探险的星球。尽管目前火星不太适宜人类居住，但是经过适当改造，未来我们去火星短期旅行应该是能够实现的。

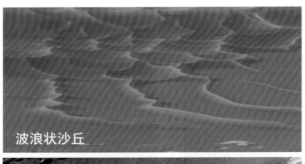

波浪状沙丘

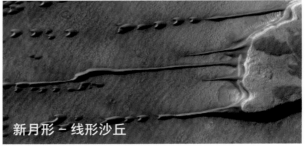

新月形－线形沙丘

👤 贾阳（"天问一号"火星探测器副总设计师）

我们是怎么探索火星的？

早先，人们借助天文望远镜，看到了火星上的明暗条纹。这是火星人开凿的运河吗？那时候人们对此争论不休。后来人们发明了可以飞掠火星的探测器，发现那只是火星的自然地貌，并非运河。但探索没有止步，人们继续通过探测器对火星开展遥测，慢慢知道了火星上也有风蚀地貌，南北两极也被冰盖覆盖，也有季节变化等。

但人类不满足于使用遥感手段探测火星，想要通过发射探测器，到达火星表面。

火星上的斜坡条纹

海盗号拍摄的第一张全景图

人类探索火星的历程

》"海盗1号"的探火尝试

美国、苏联是最先尝试"探火"的国家。1975年，美国"海盗1号"成功登陆火星，成为人类首次造访火星的访客。同时期，苏联也为登陆火星做过不少尝试，但几乎都失败了。这也说明探火并非易事。

"海盗1号"登陆火星后，只能定点探测火星，无法感知更多。

》火星漫游车"索杰纳号"

1997年，美国发射的火星探路者号探测器第一次释放了火星漫游车"索杰纳号"。但它只有微波炉大小，重约10千克，而且不能离固定的探测器（火星探路者号）太远。

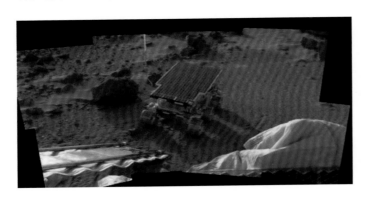

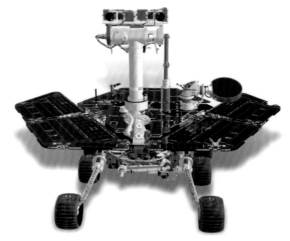

》"双胞胎"火星漫游车

2003年，美国航空航天局（NASA）开始实施新的计划——发射"双胞胎"火星漫游车，官方名称为火星探测漫游者，代号为MER，两车代号分别为MER-A和MER-B。后来，NASA与乐高公司共同举行"为火星漫游车命名"的竞赛，亚利桑那州一位9岁女孩胜出，两车最终被命名为"勇气号"和"机遇号"。目前，勇气号和机遇号均已取得了一些重要成果。尤其是机遇号，它已经在火星上走了超过一场马拉松全赛的距离。

很重很强的"好奇号"

2009 年，美国第三代火星巡视器"好奇号"发射成功。相比前两代，"好奇号"更重——约达 1 吨，因此它可携带的设备更多、更精细，可以做更详细的移动探测。比如它装有一台激光器，可以蒸发表面岩石薄层。另外，"好奇号"采用核动力提供能源，这也是它明明很重却具有很强的连续行驶能力的主要原因。

身负重任的"毅力号"

"毅力号"火星探测器，作为 NASA 最新一代的火星车，于 2020 年 7 月 30 日发射升空，飞行近 7 个月后安全着陆在火星杰泽罗陨石坑内。它的任务是前往 35 亿年前曾是河流三角洲的区域，探寻古微生物的遗迹。NASA 称"毅力号"已经成功把火星大气中的部分二氧化碳转化为氧气，并发现了有机物。

承载希望的"祝融号"

2020 年 7 月 23 日，长征五号遥四运载火箭托举着中国首次火星探测任务的"天问一号"探测器，在文昌航天发射场点火升空。这是中国首次发射火星探测器，肩负着实现"绕、落、巡"探测任务的使命。经过广泛征名遴选，中国首辆火星车被命名为"祝融号"。

"祝融号"重约 240 千克，与美国第二代探测器相近。考虑到火星与太阳之间的距离，"祝融号"的能量来源是太阳能，可以基本满足其在火星表面的生存和应用。

"祝融号"火星探测车面临哪些困难？

火星车有什么本领？火星上有什么困难等待着我们？……目前，火星上至少有四个方面的困难，我们准备了四个法宝来应对这些困难。

第一个困难是**火星表面石块较多、地形复杂**，容易扎破火星车车轮。为此，我们为"祝融号"准备了主动悬架，就像一些越野车辆在遇到特定地形时可以把底盘抬高。另外，如果"祝融号"遇到了沉陷，它还可以像小虫子一样，"蠕动"着从沉陷的沙土中脱身。

第二个困难是**沙尘暴**。火星上有时候会有遮天蔽日的沙尘，导致电池片上积沙后，太阳电池片发不出电，火星车也就不能继续工作。于是我们想了许多办法，包括给它装"雨刷"、铺可吹起的保鲜膜等，最后采用在电池片上放一种类似荷叶的工艺材料——纳米针床的方法。这样，在太阳翼运动的过程中，沙尘很容易滑落。

第三个困难是**火星的温度比地球低**，所以要合理利用太阳能。为了应对能源问题，我们的办法是开源和节流。所谓开源，即我们在火星车顶部设计了两个像望远镜一样的窗口。窗口上铺了一层膜，白天阳光可以照进去，晚上这层膜能挡住红外线，能量只进不出。另外，它还有储能的功能。所谓节流，我们给火星车"穿"了一层气凝胶做的"棉袄"，这个材料有两大特点：一是重量轻，二是隔热效果好。

最后一个困难是**距离远**。由于地球与火星之间距离遥远，无线电的信号从火星传到地球上需要 22 分钟的时间，地面管理对火星车并不及时。我们决定让地面和火星车每天"说一次话"、"收一次数"，即下发指令、收集成果。其余时间，火星车可以自主决策。

👤 **肖龙**（中国地质大学（武汉）教授、国家航天局探月与航天工程中心科学顾问）

未来我们真的会移居火星吗？

移民火星，可能是很多人的梦想。著名物理学家斯蒂芬·威廉·霍金（Stephen William Hawking）和美国国家工程院院士埃隆·里夫·马斯克（Elon Reeve Musk）也都预言人类移民火星是大势所趋，后者更是想亲自登上火星。如果真的要移民火星，我们需要做多种准备。

怎样改造火星才能实现移居？

火星的自转周期几乎与地球一样，这意味着人类在火星上生活，生物钟不会受到太大的影响，可以较快地适应火星上的作息时间。但是，移居火星和载人探测不同，载人探测可以备足氧气、水和食物，但移居火星则必须尽量利用火星上的资源实现自给自足，否则即便不计成本也无法满足持续的消耗。所以我们必须改造火星，以解决太空探险者们的衣食住行问题。

≫ 改造火星大气环境

目前移居火星所面临的主要问题是火星表面温度和大气压都太低。只有改善了火星的地表环境之后，人类才可以在火星上发展农业和工业，将火星改造为适宜人类生存的新家园。当然，对火星进行全面的大气改造是比较困难的，而通过先建造类似温室大棚室的小居所，然后再逐步开疆拓土，更大范围地改造火星的大气可能是必由之路。

火星云层

为了让感兴趣的人听了科普之后更感兴趣，贾阳在科普形式的创新上不遗余力。比如，他曾别开生面地扮演"火星奥运会"的国际奥委会主席，介绍2408年第129届奥运会如何在火星上举办，用这种形式生动形象地向大众介绍了与地球完全不同的火星。

类似的还有科学小品，虽然"费时费力费脑细胞"，但是贾阳乐在其中。他仍记得曾经有个小姑娘在7年前听了他的演讲之后，对航空航天产生了浓厚的兴趣，后来考到了北京航空航天大学。"在工作中的某个节点收到这样的正反馈，让我有很强的动力继续做下去。"贾阳说到。

火星车艰难的"诞生"

由于火星距离太阳比月球更远，火星车"祝融号"需要一个相对比较大的太阳翼，以满足能源供给。所以在设计开始时，贾阳带领团队把电池板做成像屋顶一样的形状。

后来他们发现这样行不通。因为火箭发射时会有剧烈振动，太阳翼无法承受。而如果把它压紧，面积就不够，于是他们把它变成了4片，向后展开。

问题接踵而至。向后展开的太阳翼在火星车前行时没有问题，但如果"倒车"下坡，后面两个太阳翼就会触地。怎么办？他们接着调整，把后面两个太阳翼向侧后方调了一定的角度。

在整个设计过程中，贾阳团队对太阳翼的形状一改再改，甚至还曾经设计过类似于蝙蝠翅膀的样子。直到最后收官，他们惊奇地发现：整个火星车很像一只蓝色的闪蝶。

为此，贾阳特意从网上买了一个蝴蝶标本，放在自己的办公桌上。

挑战与乐趣同行

贾阳此前也担任过"嫦娥三号"探测器系统副总设计师，"嫦娥三号"上所载的月球车也出自他们团队之手。

月球车要解决的一个大问题是：适应月表高达300摄氏度的温差。为了模拟月表环境，贾阳曾与团队成员一起远赴敦煌西北200公里处的无人区开展试验。

"我们设计航天器，不是画张图纸就能一模一样地造出来的，需要不断模拟、不断测试。"回忆起在敦煌沙漠的试验，贾阳形容说，挑战无处不在，但乐趣也是。

敦煌地面参数与月球接近，干旱、蒸发量大、昼夜温差大，没有植被，更没有电和柏油路，有的是风声和狼的脚印。就在这样的环境下，发生了许多小故事。

"没有路，我们就用推土机开路，开着卡车把设备带进去；刚刚碾过的干草带，第二天就被风吹到了沙坡上；没有水，我们就开凿地下水，引出的水洒在沙地上；没有石头，我们就去捡石头，铺在沙地上，模仿月球地貌开展试验。"贾阳说。

有一次在回试验基地的路上，团队察觉到地面上有狼的脚印，贾阳就把队员们召集在一起，提醒大家一定注意安全，圈定"人狼互不干涉区域"。离开的时候，贾阳还在一颗胡杨树的树梢上写下：此地距月球38万公里。

在各种场合讲述航天探测的事情，贾阳说得最多的就是"我们"。

"遇到一些棘手的问题，我可能没办法，但'我们'一定有答案。"贾阳说，尽管自己从事的是攻关型科研，但他并不感觉有巨大的压力，也很少陷入焦虑。他觉得，办法总比困难多，相信团队、相信专业，就没有不可逾越的障碍。

他现在最希望的事是有更多的青少年能够对未知的宇宙产生兴趣，并成长为科学家。他说："我希望同学们永葆好奇心，保持对未知的探索的欲望，努力学习、珍惜时间，一步一个脚印，向着梦想前进。"

嗨，空间站

对流层 ⟶ 平流

空间站到底是什么？

空间站是在近地轨道运行的航天器，就像一个搬到太空中的实验室，可以让航天员在太空中长时间停留，进行科研实验，研发航天新技术。

在空间站能看得更远、更广，从而更快、更全面地认识宇宙、探索宇宙。

航天员在空间站生活，可以研究他们在太空中的健康状况，为未来深空探索任务积累经验，提升技术。

高层大气
400 千米

有多少个空间站？

到目前为止，世界上建造过 3 个大型空间站："和平"号空间站、国际空间站和我国的"天宫"空间站。

"和平"号空间站

由苏联 1986 年开始建造，1999 年停用，2001 年坠毁，飞行轨道高度 300 千米～400 千米，长期飞行高度约 320 千米，在轨飞行了 15 年。"和平"号空间站共由 6 个舱段组成，包括：核心舱（1986 年发射），量子 1 号天文物理舱（1987 年发射），量子 2 号气闸舱（1989 年发射），"晶体"号实验舱（1990 年发射），"光谱"号遥感舱（1995 年发射）和"自然"号地球观测舱（1996 年发射），采用积木式结构组装。空间站全长 87 米，质量达 175 吨，活动容积 470 立方米。

"和平"号空间站是人类首个可长期居住的空间研究中心，同时也是首个第三代空间站。"和平"号在距离地球 320 千米的地方每 90 分钟绕地球一圈，月亮在距离地球 38.6 万千米的地方每 28 天围绕地球一圈。"和平"号通常有 3 名航天员，最拥挤时，有 6 名航天员在站长达一个月。航天员长期居住在空间站，进行出舱活动和科学研究，在轨开展了对天观测、对地观测、材料、物理、生命科学、生物科学和航天医学等方面的科学研究。

"天宫"空间站

由我国独立设计并研制建造，于 2010 年立项，由"天和"核心舱、"问天"实验舱和"梦天"实验舱三舱组成，其中核心舱居中，"问天"实验舱Ⅰ和"梦天"实验舱Ⅱ永久停泊于核心舱节点舱的两侧。运行轨道为倾角 41 度～43 度、高度 340 千米～450 千米的近圆轨道。空间站提供三个对接口，支持载人飞船、货运飞船及其他来访飞行器的对接和停靠。

三舱组合体质量近 70 吨，额定乘员 3 人，乘员轮换期间短期可达 6 人，具备不小于 20 吨载荷设备的安装和支持能力。建造形成三舱组合体后在轨运行寿命不小于 10 年，具有通过维护维修延长使用寿命的能力，并具备一定的扩展能力。

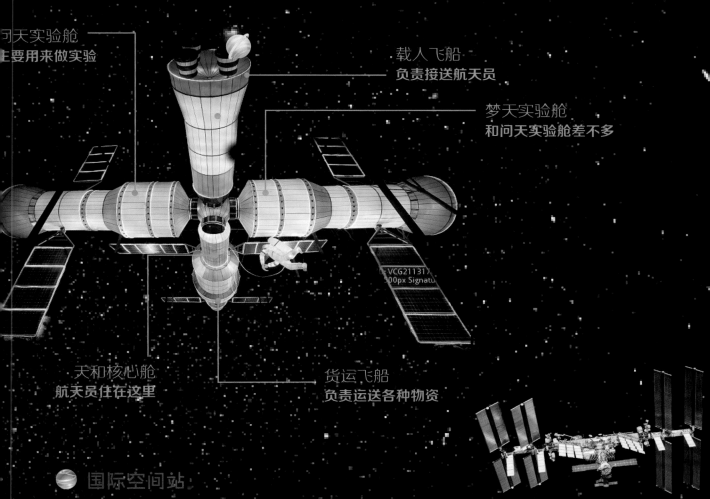

问天实验舱
主要用来做实验

载人飞船
负责接送航天员

梦天实验舱
和问天实验舱差不多

天和核心舱
航天员住在这里

货运飞船
负责运送各种物资

VCG211317
500px Signatu

国际空间站

　　国际空间站是目前在轨运行最大的空间平台，是一个可开展大规模、多学科基础和应用科学研究的空间实验室，支持人在天空中长期驻留。国际空间站由 16 个国家共同建造，自 1998 年开始建造，经过十多年的建设，于 2010 年完成建造任务，转入全面使用阶段，由美国国家航空航天局主导，俄罗斯联邦航天局、欧洲航天局、日本宇宙航空研究开发机构、加拿大空间局共同运营。

　　国际空间站主要包括 14 个密封舱段和 4 个节点舱，采用桁架式结构组装，飞行高度约 400 千米，长 110 米，质量达 440 吨，活动容积 388 立方米。

　　国际空间站上的科学实验项目涵盖物理科学、生物学与生物技术、技术开发与验证、人体研究、地球与空间科学以及教育活动与推广等多个领域。截至 2021 年，已有超过 14 个国家的航天员到访过国际空间站，来自 95 个国家和地区的 2400 余名研究人员共开展了超过 1700 项实验，获得了丰硕成果。

我国空间站是怎么建造的？

在没有像航天飞机这种规模的大型运输工具的情况下，我国空间站三舱利用舱段交会对接和平面转位方式，完成积木加局部桁架混合构型的组装建造。

2021 年 4 月 29 日，发射第一个舱段——"天和"核心舱，它是空间站的管理和控制中心，在此处进行空间站组合体的统一管理和控制。可完成与实验舱、载人飞船、货运飞船等飞行器的交会对接和停靠，接纳航天员长期访问和物资补给，配置机械臂支持航天员出舱活动。

航天员的天地往返运输由神舟载人飞船完成，在酒泉航天发射场由长征二号 F 运载火箭发射，可支持 3 名航天员在天地之间往返。

货物运输由天舟货运飞船完成，在海南航天发射场由长征七号运载火箭发射，可为空间站上行运送航天员生活用品、推进剂、消耗品、载荷设备等补给物资，为下行销毁废弃物。

空间站最大可增加 3 个舱、4 个大型舱外暴露实验平台，并可在舱外外挂大型实验载荷。扩展后的最大规模可达 180 吨。2022 年空间站建好后，将随即投入正常运营，开展科学研究和太空实验，促进中国空间科学研究发展，为人类文明发展进步做出贡献。

👤 **肖志军**（《航天员》杂志社执行主编）

航天员在空间站是怎么生活和工作的？

⬤ 航天员吃什么？

航天员在太空中吃的是航天食品，早期的航天食品是类似牙膏状的食物。经过几十年的发展，航天食品有了非常大的变化，越来越接近地面的食物。航天食品都是经过专门处理的，采用密闭包装，保质期非常长。乘组轮换时，还有机会带一些新鲜水果上去。现在，航天员在太空中吃的食物种类很丰富，有主食、副食、蔬菜、汤羹，还有坚果、水果罐头、果汁及新鲜水果等，既考虑到了营养均衡、能量消耗，同时还会兼顾每位航天员的口味偏好，按餐配备。航天员在太空中用热风加热装置和微波加热装置对食品进行加热，甚至还可以自己制作新鲜的酸奶。

⬤ 空间站上的水和氧气从哪里来？

空间站里航天员喝的水、呼吸用的氧气都是从地面带上去的。但是空间站上面一般是多人乘组，长期驻留的，如果消耗的水和氧气全部依赖地面补给，发射费用将是一个天文数字，难以承受。所以空间站采用物理化学再生式生保系统，可以确保水和氧气的大部分循环利用，这样就大大降低了地面的补给需求。所以，空间站上的水和氧气大部分是再生使用的。

⬤ 航天员怎么洗澡？

航天员在天上有很多卫生清洁用品，包括洁面巾、运动清洁干/湿巾、洗澡包、洗发包等，主要还是以擦洗为主。

航天员怎么睡觉？

在核心舱的小柱段，配有三个独立的睡眠区和一个卫生间，每个睡眠区相当于航天员独立的小宿舍，航天员可以进行个性化的布置，里面有一个相对固定的睡袋，航天员晚上钻进睡袋里睡觉。每个睡眠区还配有一个舷窗，航天员可以通过舷窗欣赏美丽的太空景色，想家时还可以"举头望地球"。卫生间里配有大小便收集装置，航天员基本可以像在地球上一样正常地使用卫生间。

为什么在空间站不用戴面罩？

空间站配有环境控制和生命保障系统，可以提供适宜航天员生活的空气、温度和湿度环境，并实时对产生的二氧化碳等有害气体进行过滤，所以航天员呼吸的气体比地面上还要清新，面罩是完全没有必要的。

为什么空间站里航天员的脸看起来变圆了？

太空授课时，我们发现航天员的脸都是圆圆的，还微微有些发红。确实如此，航天员进入失重环境后，由于重力作用消失，身体下肢部分的体液就会向头部、胸部转移，造成头部肿胀，还会产生鼻塞等症状，这和地球上倒立时的感觉很类似。但大家不必担心，航天员都有很好的心血管调节能力，在地面上还会利用转床进行血液重新分布训练，所以他们在太空可以很快适应这种体液转移的情况。

为什么航天员要在空间站里锻炼？

因为缺少重力，相比在地球上，人的施力方式发生了改变，还会发生骨丢失、肌肉萎缩等现象，所以航天员在太空中的日常锻炼变得尤为重要。他们要坚持每天锻炼2小时以上的时间，比如骑太空自行车、拉力锻炼、跑步、打太极拳等，他们会用各种方式来模拟地球重力的压迫作用，比如穿着"企鹅服"、骑太空自行车、在太空跑台上跑步、打太极拳等。"企鹅服"，即在服装的腰部、胸部、背部、脚踝等处都配置了局部拉力挂钩，用这种形式产生的拉力来模拟重力的作用，人穿上它会有点直不起身来，看起来就像一只小企鹅。

水下训练出舱活动

航天员在太空中生病了怎么办？

航天员在天上飞行时，地球上有医监医生时刻关注着他们的身体健康，并会定期进行医监询问。核心舱里还配有常规的医学检查设备，航天员可以定期进行医学检查。针对常见的病症，医监医生们早已准备好了太空处方，并在空间站上按处方配备好了所有的药品。同时，每个航天员之前也都进行过有关医学常识、一般疾病诊断和处置的训练，也具备处置及应对在轨一般性医学问题的能力。

听说在空间站里航天员会变高，是真的吗？

是的，航天员进入太空后，身体会长高 4~8 厘米。因为重力消失后，作用在脊柱上的压力消失，椎骨之间的间隙会变大，脊柱就会慢慢变长，使得身体变高。但是，返回地球后，航天员的身高很快就会变回去。

航天员在空间站上要做哪些工作？

航天员在太空中的工作很忙碌，包括生活照料、开展实验、出舱活动。

航天员一般会对空间站组合体进行日常设置、管理和维护等，空间站上还有一些科学实验机柜，航天员们会按照科学家们预先设计的实验流程开展一系列科学实验，目前开展的实

中国空间站太空出舱活动

验有和人体研究相关的、有和微重力环境相关的。

除此之外，航天员还会进行太空出舱活动、遥控操作货运飞船交会对接、太空授课活动等。其中最为复杂、挑战最大的就是出舱活动了。它几乎囊括了空间站上所有的关键要素，如航天员、舱外航天服、机械臂、空间站组合体、测控通信保障等，航天员要穿着舱外航天服，踩踏在机械臂上，转移到需要进行舱外操作的地方，安装或者维修舱外的设备。这期间，地面的工作人员需要通过上传程序指令来操控机械臂，还要为操控机械臂、控制空间站的正常运行及姿态稳定提供测控保障。同时，航天员因为要暴露于外太空，一个半小时左右就要经历一次日出和日落，并经历高达 200 度的温差变化，还要身处空间辐射的真空环境，所以必须为他们提供有效的防护条件，包括生命所必需的空气、压力、水和温度等，舱外航天服就是一套能够为航天员提供以上这些防护和生命保障的多功能服装。

065

🜨 航天员返回地球后，为什么需要躺在椅子上，被抬着走？

在地球上，我们的身体一直对抗着重力，而在太空的失重环境中，肌肉不需要对抗重力，骨骼也不需要那么"强壮"，由于"用进废退"，航天员的肌肉，特别是承重肌，很快就会发生萎缩，骨骼中的矿物质也会快速流失。虽然航天员采用了大量的对抗措施来减缓这种变化，但这些措施并不能完全阻止这些不利影响。据统计，航天员经过 6 个月的飞行后，即使在轨使用防护锻炼措施，严重者骨丢失仍可达 20%；肌萎缩导致肌力下降 20% ~ 30%，萎缩程度近似 80 岁老人。所以，航天员长期飞行后返回地球时，需要经历一个对重力环境的再适应过程，不能贸然站立和行走，而是要躺在椅子上，他们完全恢复身体机能可能需要几个月的时间。

海王星

天王星

太阳系有哪些家庭成员？

近二十年来，系外行星的发现如雨后春笋，天文学家已经发现了近 5000 颗系外行星。这些千姿百态的系外行星系统展现出了极大的多样性，千百种不同形态的行星为人们带来了无穷无尽的想象空间。

随着 2019 年诺贝尔物理学奖的颁布，人们对行星的关注达到了空前的高度。在大规模观测到远在天边的系外行星之前，近在眼前的太阳系一直以来都是人类唯一已知的行星系统。

16 世纪，哥白尼在持日心地动观的古希腊先辈和同时代学者观点的基础上创立了日心说，并逐渐淘汰了地心说。到了 18 世纪，关于日心说和地心说的争论已然平息，牛顿力学的江湖地位牢牢确立。基于对金、木、水、火、土这几颗行星的观测，人们逐步建立了"太阳系"的概念，即一个受太阳引力约束在一起的天体系统，其中包括太阳以及直接或间接围绕太阳运动的天体。早在那时，天文学家已经较为准确地测定了地球及几大行星围绕太阳公转的轨道参数，也对行星、卫星、彗星有了一定的了解。

在直接围绕太阳运动的天体中，最大的八颗被称为行星，从内向外分别是水星、金星、地球、火星、木星、土星、天王星以及海王星。它们自身不发光，环绕着作为恒星的太阳旋转，公转方向与所绕恒星的自转方向相同。

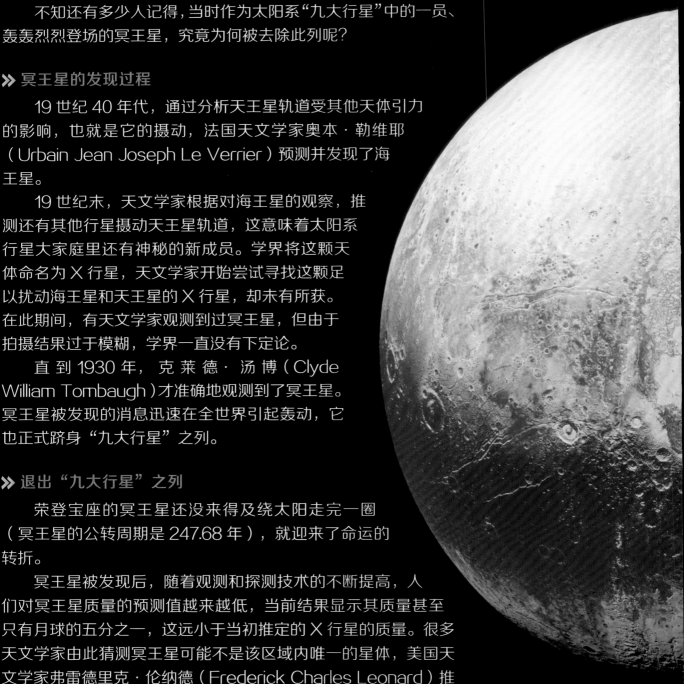

冥王星为什么成了矮行星？

不知还有多少人记得，当时作为太阳系"九大行星"中的一员、轰轰烈烈登场的冥王星，究竟为何被去除此列呢？

≫ 冥王星的发现过程

19 世纪 40 年代，通过分析天王星轨道受其他天体引力的影响，也就是它的摄动，法国天文学家奥本·勒维耶（Urbain Jean Joseph Le Verrier）预测并发现了海王星。

19 世纪末，天文学家根据对海王星的观察，推测还有其他行星摄动天王星轨道，这意味着太阳系行星大家庭里还有神秘的新成员。学界将这颗天体命名为 X 行星，天文学家开始尝试寻找这颗足以扰动海王星和天王星的 X 行星，却未有所获。在此期间，有天文学家观测到过冥王星，但由于拍摄结果过于模糊，学界一直没有下定论。

直到 1930 年，克莱德·汤博（Clyde William Tombaugh）才准确地观测到了冥王星。冥王星被发现的消息迅速在全世界引起轰动，它也正式跻身"九大行星"之列。

≫ 退出"九大行星"之列

荣登宝座的冥王星还没来得及绕太阳走完一圈（冥王星的公转周期是 247.68 年），就迎来了命运的转折。

冥王星被发现后，随着观测和探测技术的不断提高，人们对冥王星质量的预测值越来越低，当前结果显示其质量甚至只有月球的五分之一，这远小于当初推定的 X 行星的质量。很多天文学家由此猜测冥王星可能不是该区域内唯一的星体，美国天文学家弗雷德里克·伦纳德（Frederick Charles Leonard）推测在海王星轨道外侧还有一连串的海王星外大体等待被发现（海王星轨道半长轴约 30 天文单位，1 天文单位为日地平均距离）。

1951 年，杰拉德·柯伊伯（Gerard Peter Kuiper）推测太阳系在其演化早期会形成一个天体密集的圆盘状区域。当时"X 行星"——冥王星还被认为和地球一样大，因而能够将那些小天体抛射至奥尔特云（奥尔特云在理论上是一个围绕太阳最远至 10 万天文单位的球体云团，主要由冰微行星组成），甚至到太阳系之外，故他认为这个狭长的圆盘区域已经被清空了。

科学的发展既离不开大胆创新的理论，也需要持之以恒的努力。半个世纪后，抱着和前人相同的信念，麻省理工学院的天文学家大卫·朱维特（David C. Jewitt）鼓励当时的研究生刘丽杏（Jane Luu）一起寻找冥王星轨道外的潜在天体。朱维特对刘丽杏说："如果我们不这样做，就没有人会做。"循着与克莱德·汤博当年搜寻冥王星几乎相同的脚步，朱维特和刘丽杏使用亚利桑那州基特峰国家天文台（Kit Peak National Observatory, KPNO）和智利托洛洛山美洲际天文台（Cerro Tololo Inter-American Observatory, CTIO）的望远镜开始了他们的研究。

经过 5 年的不懈坚持，1992 年 8 月 30 日，朱维特和刘丽杏宣布发现了"候选的柯伊伯带天体"——小行星 15760。半年后，他们在该区域又发现了第二个天体——（181708）1993 FW。这一发现直接证实了柯伊伯的假说，天文学家将距离太阳 40 至 50 天文单位的低倾角轨道的这一区域命名为柯伊伯带，又称作伦纳德－柯伊伯带。

新视野号拍摄的冥王星

≫ 行星概念被定义

由于在柯伊伯带发现了一系列质量与冥王星相似的冰制天体，冥王星的行星地位受到严重挑战。2005 年，新发现的阋神星质量甚至比冥王星质量多出 27%，这一发现直接导致国际天文联合会（IAU）在翌年正式定义了行星的概念：

（1）轨道环绕着太阳；

（2）形状接近球体；

（3）能够清除轨道附近的小天体。

符合前两条但不符合第三条定义的天体将被划分为 矮行星。自此，冥王星被踢出行星大家庭，降格为矮行星。

目前国际天文学联合会承认的矮行星共 5 颗，分别是谷神星、冥王星、妊神星、鸟神星及阋神星。其中谷神星位于火星和木星轨道之间的主小行星带内，这一区域充满了大量由岩石和金属组成的小天体，这些谷神星之外的小天体被称为小行星。另外 4 颗矮行星则属于海王星外天体。

◉ 绕太阳运动的小型天体

除此之外，太阳系内还有大量直接绕太阳运动的小型天体，包括彗星、半人马小行星和特洛伊天体。彗星含有很大比例的冰，其接近太阳时会被加热并释放气体，从而显现出可见的大气结构，即彗发和彗尾。受巨行星（木星、土星、海王星、天王星）引力扰动而拥有不稳定轨道的小天体被称为半人马小行星。一类特殊的、在巨行星引力作用下与巨行星轨道交叠的天体则被称为特洛伊天体。那些不直接绕太阳运动，而直接围绕行星、矮行星等运动的天体则被称为卫星，如人类深爱的月亮。

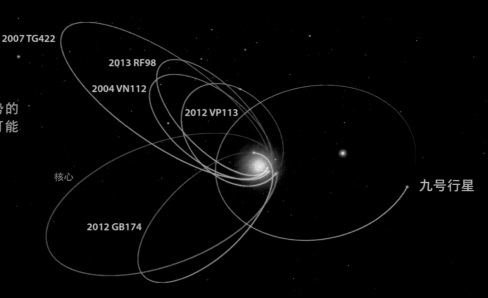

近日点表现出聚集趋势的几个海王星外天体与可能存在的"九号行星"

2007 TG422

2013 RF98

2004 VN112

2012 VP113

核心

2012 GB174

九号行星

阋神星（及其卫星）

星（及其卫星）

矮行星与其卫星

谷神星

妊神星（及其卫星）

鸟神星

🌑 对太阳系的进一步探索

千百年来，人类对太阳系的探索还远未结束。

2014 年，美国天文学家查德·处基罗（Chad Trujillo）和史考特·雪柏（Scott S. Sheppard）发现几个海王星外天体具有非常类似的轨道模式。它们都具有极度狭长的轨道，且近日点表现出聚集的趋势。这些天体的近日点数倍于太阳和海王星的距离，因而这种特殊的轨道模式不太可能是受海王星引力影响而形成的。他们提出，在外太阳系或许有一个巨大的天体在"捣乱"。

2016 年，加州理工学院的迈克尔·布朗（Michael Brown）和康斯坦丁·巴特金（Kongstantin Batygin）进一步探索了这个问题，在他们的两篇论文中，描述了如何用一颗十倍于地球质量的"九号行星"来解释六个海王星外天体的相似轨道，这颗可能存在的行星轨道半长轴约 400 到 800 个天文单位，是海王星轨道的 13 到 26 倍，绕太阳一周足足需要 10000 到 20000 年。"非凡的观点需要非凡的证据"，截至目前，天文学家还没能直接观测到这颗潜在的九号行星，学界对它存在与否的争议也仍在继续。究竟是神秘来客重铸"九大行星"之名，还是天文学界的又一次乌龙？让我们拭目以待！

木星的大红斑是什么?

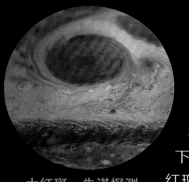

大红斑，朱诺探测器观测，2018 年 4 月

　　在太阳系八大行星中，木星称得上是"雄霸一方，独领风骚"。它的质量比太阳系其他七个行星的总质量还要大两倍多，它是夜空中除月亮和金星外最亮的天体。自古以来，明亮的木星引发了人们无数的艺术遐想，人们以罗马战神朱庇特来比拟它的雄伟。而在现代天文学的视角下，木星在太阳系的演化中起着不可或缺的作用。除了这些"大视角"下的特点，望远镜下木星黄褐色的带状大气，也就是望远镜下神奇的"大红斑"，更是让人着迷。科学家们相信，对木星大气的研究不仅将帮助我们理解地球复杂的大气系统，更将帮助我们理解千姿百态的系外行星世界。

大红斑原来是个大旋风

　　木星的大红斑是木星大气中一个巨大的旋风，"巨大"一方面指大小，2017 年观测得到其直径超过一万六千公里，可以塞下整个地球；另一方面指风速，目前已观测到旋风速度最高可以达到 400 千米 / 小时，比我们坐的高铁还要快一点。尽管最早在 15 世纪，文献中就已经出现了对大红斑的描述，直到 19 世纪，天文学家才开始有能力借助望远镜对大红斑进行持续有效的科学观测。目前我们确认大红斑至少已经存在了 190 年，有趣的是，持续的观测记录显示大红斑在不断"缩水"，它的直径在过去的一百年里已经缩小了一半左右。

为何大红斑看起来是红色的?

　　这个问题目前科学界还没有定论，有一些研究表明：有可能是在太阳的紫外线的作用下，木星大气里的多种化合物发生了化学反应，产生了橙红色的有机化合物，有可能有氮氢化合物、硫氢化合物等的参与。这样的反应是否能在大红斑所处的温度、压强、辐射量下有效发生，它们的含量是否足够解释大红斑的红色，现在还是有待研究的课题。

行星胚胎碰撞示意图

木星是由什么组成的？

　　木星属于太阳系大家族里的气态巨行星。与地球为代表的类地行星截然不同的是，木星大约 99% 的质量来自氢和氦。我们知道，地球坚硬的地壳主要由硅酸盐构成，稀疏的大气主要由氧气和氮气组成，但是木星从外到内都主要由氢和氦组成，密度逐渐升高，并没有界限分明的陆地和大气的概念。但是这并不意味着木星没有"核"，相反，长久以来，科学家认为由于质量堆积产生高压，木星中心有一个非常致密的核。但有趣的是，2016 年，NASA 发射到木星轨道的"朱诺"号探测器（JUNO）告诉我们，木星有一个相当稀疏，几乎延伸到将近木星半径一半的核区。有天文学家认为，这可能是因为木星形成不久后，一个巨大的行星胚胎和木星发生了剧烈的碰撞，导致本该致密的核弥散开来；也有天文学家认为，这样的结构可以在木星形成的过程中自然分层而成，并没有定论。这些对木星内部结构的研究的问题，如今也是行星科学、天文学里十分前沿、有热度的问题。

太阳系外有没有类地行星？

🌑 热木星的发现

2019 年，瑞士天文学家米歇尔·马约尔（Michel Mayor）和迪迪埃·奎洛兹（Didier Queloz）因"发现了围绕其他类太阳恒星运行的系外行星"而被授予诺贝尔物理学奖。这颗名为飞马座 51b 的行星距离地球 50 光年，其质量是木星的一半，体积足足有木星的两倍，而轨道周期只有四天左右，这说明它距离主星非常近。实际上飞马座 51b 躺在距离它的主星大概只有 0.05 个天文单位的地方，饱受恒星的炙烤，其表面温度可以达到 1000 摄氏度以上。今天的天文学家将这类质量、体积与木星相当，但距离主星特别近的行星称为"热木星"。

热木星和我们太阳系里的任何一个行星都性质迥异，大相径庭。飞马座 51b 的发现彻底震撼了天文学家，迫使人们不得不开始思考并修改行星的轨道迁移等一系列复杂的行星形成理论，它的发现开启了人们对系外行星领域真正意义上的探索。

类地行星的持续观测之路

≫ 早期探测手段

人们在惊讶于太阳系外存在如此奇特行星系统的同时，也一直没有停止对与地球类似的行星的观测。时至今日，天文学家已经发展出了一系列探测太阳系外行星的手段。早期系外行星的发现主要借助于"视向速度法"，它主要利用行星对恒星的引力扰动，捕捉恒星在我们视线方向周期性运动的信号来发现行星。飞马座51b就是通过视向速度法被发现的。然而这种方法的缺陷在于，其信号对行星质量有较强的依赖，且需要一个完整的周期才能确认行星的存在，故而质量越大、且越靠近恒星的行星对恒星的影响也越容易被观测到。由于这种选择效应，天文学家在早期发现了相当数量的热木星。随着观测技术的不断提升，综合考虑观测结果受观测手段的限制，我们现在认为热木星在整个系外行星家族中只占极少数（约百分之一）。

≫ 现代探测技术

2009年3月6日，有着"行星猎手"之名的开普勒太空望远镜发射升空，得益于其前所未有的仪器精度，新发现的系外行星如井喷式增长。开普勒太空望远镜使用掩星法来探测系外行星，其原理非常简单。当行星公转经过恒星面前时，如果角度合适会恰好遮住一部分恒星发出的光，在望远镜中我们就会发现恒星整体的亮度下降了。其原理和我们在地球上看到的"金星凌日"如出一辙。

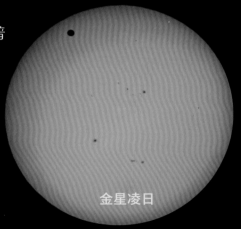

金星凌日

在开普勒发现的行星中，有很大一部分半径为1~2个地球半径，我们称之为超级地球；而一些半径在2~4个地球半径的，我们称之为"迷你海王星"。同样的，半径和质量都和地球差不多的行星，我们一般称之为类地行星，太阳系中的金星、土星也都是类地行星的一员。

需要注意的是，这样的称呼只是根据质量、半径这样基本的物理性质来分类的，并不代表它们其他的性质，例如表面温度、元素组成乃至环境都和地球或者海王星很像。掩星法和视向速度法具有类似的缺陷，只有距离恒星足够近，半径足够大的行星造成的亮度下降才会比较明显。除此之外，探测系外行星的方法还有天测法、微引力透镜法、直接成像法等，它们有些在发现低质量行星上有着"奇效"，有些在发现多行星系统上战功显赫。

最近几年，天文学家们在类地行星的观测上有了很多有趣的结果。其中不得不提的就是拥有七颗类地行星的 TRAPPIST-1 系统，这个数字在所有已知的行星系统中是最多的。这七个"兄弟"质量相当、大小相似，错落有致地围绕着中心恒星旋转。这样复杂而有趣的系统究竟是如何形成的？它们上面会不会有水乃至于生命？这些都是现在非常热门的研究课题。

🌑 系外行星的宜居性研究

目前，天文学家对绝大多数系外行星的了解仅局限于它们的质量和半径。但如果人类想找到第二个家园的话，就必须关注系外行星的宜居性。对于人类来说，适宜的温度，液态水的存在是宜居性的必要条件。这牵涉到行星的位置，其主星的性质，行星的化学组成，行星大气的性质等一系列错综复杂的因素。特别是对行星大气成分的研究，有助于揭示行星水含量，给行星的宜居性一个初步的判断；对行星大气中有机分子的观测，也将在是否有地外生命这样的问题上给我们一些线索。而这一切，都在呼唤更先进的天文设备的出现。

2021 年圣诞节，从诞生起便命途多舛的詹姆斯·韦布太空望远镜（JWST）终于发射。经过了一个月的旅途，韦布太空望远镜在 2022 年 1 月终于顺利到达了预定的地月拉格朗日 2 点，预计将在 6 个月后展开工作。作为人类目前最先进的望远镜之一，韦布太空望远镜所携带的近红外光谱仪将成为研究系外行星大气的利器。在接下来的几年，系外行星大气的研究必将有突破性的进展。

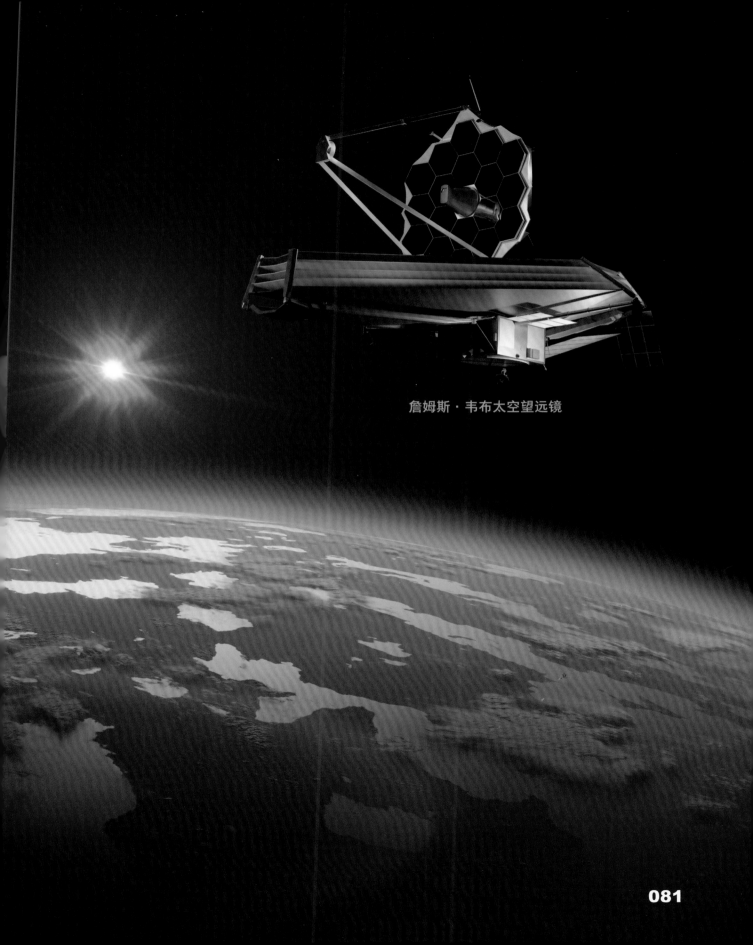

詹姆斯·韦布太空望远镜

什么是黑洞？

1915 年是振奋人心的一年，因为鼎鼎大名的爱因斯坦发表了他的引力理论——广义相对论。它指出，引力就像是在一个有弹性的橡胶毯中心上放一颗很重的铁球，由于铁球存在质量，橡胶毯向下凹陷扭曲，那么当我们放置另一颗小玻璃球在毯子上时，其轨迹就会顺着毯子的表面而弯曲并靠近中心的铁球。如果小玻璃球有足够大的初始横向速度的话，就会绕着中心铁球转，就像地球围绕太阳的椭圆轨道运动。相反，如果玻璃球速度非常大，那么它就有能力逃离受铁球影响的区域，永远不会再回来。

什么是黑洞？

　　1916 年，德国天文学家卡尔·史瓦西根据爱因斯坦的理论，预测存在一种怪异的天体：这种天体的半径非常小，然而质量很大。可以想象，把这样的一个小球放在橡胶毯上会陷得非常非常深。为什么说它怪异呢？我们知道，任何物体的速度不能超过光速，然而在这个怪异天体附近，一个物体（包括光）尽管达到了光的速度也无法逃离它的魔爪，因为引力并实在是太深了，就像小动物掉进猎人的陷阱里，仅仅凭借自己的力量根本无法逃出来。这个"陷阱"的半径就叫作史瓦西半径。由于怪异天体的这种不可思议的引力特性，美国著名物理学家约翰·惠勒教授将它命名为"黑洞"，在当时引起了物理和天文学界研究黑洞、寻找黑洞的热潮，直至今天，黑洞仍然是一个热门、前沿的科学话题。

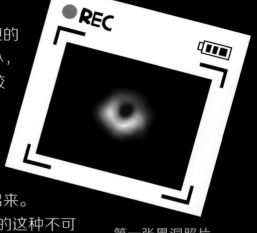

第一张黑洞照片

为什么宇宙中会有黑洞呢？

　　在当今的宇宙中，许多大质量恒星在燃烧完自己的"燃料"之后，会逐渐走向生命的终点：恒星主体会逐渐冷却，由于引力的存在，恒星的体积或者半径会逐渐收缩，然而质量不会变化，就像一个进入冰箱的气球，不一会儿它就会缩小。恒星的超新星爆发之后，只留下一颗黑洞作为自己曾经在宇宙中存在过的证明。

　　那么是不是所有的恒星都可以变成黑洞呢？当然不是，前面提到了只有大质量恒星才可以。一个质量在 1.44 到 4 个太阳质量左右的恒星，由于自身引力不足以使得身体压缩到黑洞大小，因此只能演化成一个中子星。可不要小看了中子星，虽然半径只有 10 到 20 千米左右，质量却和太阳差不多，因此中子星是密度仅次于黑洞的致密天体。而我们的太阳由于质量不够大，最后既不会变成黑洞也不会变成中子星，而是会变成白矮星。

　　除了大质量恒星之外，黑洞还有另外一个主要来源。我们知道，恒星形成黑洞需要达到很高的密度，在大爆炸后不久的早期宇宙中，恒星的密度要比现在大得多，这就会导致黑洞的诞生。一般来说，比恒星质量大得多的黑洞都是在这个时期形成的，停留在今天许多星系的中心位置。

黑洞的质量和密度

我们银河系的中心就是一个质量为 400 万倍太阳质量的黑洞，发现它的两位天文学家：莱因哈德·根泽尔和安德里亚·盖兹因此获得了 2020 年诺贝尔物理学奖。寻找一颗黑洞不是一件容易事，这两位天文学家用了一个比较巧妙的办法间接确认了黑洞的存在。他们模拟出距离银河系中心最近的几颗恒星的轨道，据此计算出银河系中心天体的质量，利用这些恒星离银河系中心天体最近时的距离，我们可以轻松得到该天体密度的最小值。有趣的是，这个最小密度比中子星密度还要大，由此推断，一颗黑洞正赫然悬挂在距离我们 2.6 万光年的银河系中心。

对黑洞的探测

虽然其他恒星和尘埃遮挡住了视线，我们没有办法直接看到银河系中心的黑洞，但是我们可以把望远镜对准其他星系中心。振奋人心的是，第一张黑洞照片（Messier 87 星系中心黑洞）于 2019 年发布。荷兰拉德堡德大学天体物理学家海诺·法尔克在布鲁塞尔的新闻发布会上说："你所看到的是时空扭曲形成的一个火环。"这是因为黑洞会把环绕它的气体及星尘（吸积盘）加热，这些加热后的气体及星尘会发光和释放能量。X 射线是其中的一种能量，天文学家就是通过这些 X 射线找到了这颗黑洞。当然，这些 X 射线无法用肉眼看到，必须使用特殊的设备。在这张黑洞的照片中，中间黑色的部分就是黑洞本身了，在这里光都无法逃离，所以看起来黑黑的。

黑洞里面的秘密

　　说到这里，一定有很多人好奇黑洞里面到底有什么秘密，让我们坐上探测器一往无前地驶向黑洞吧。首先，在越来越靠近黑洞的途中，身体变化最明显的就是头和脚被拉扯得越来越厉害。这是由于潮汐力（引力差）的存在，头部和脚部距离黑洞中心不一样远，受到的引力也不一样，相对于身体中间的位置，头部受到向上的力而脚受到向下的力，因此任何有长度的物质在足够靠近黑洞时都有可能被撕碎，这种效应对于小质量黑洞尤为明显。

　　保守起见，我们得把目标放在超大质量的黑洞上，比如星系中心的黑洞。在距离黑洞很远的地方，我们会看到一个漆黑诡异的环形区域，这就是吸积盘。现在我们加速驶向视界线，途中我们需要穿过黑洞光子球，光子环绕轨道回到我们的视线中。由于黑洞质量很大，史瓦西半径附近的光线的路径发生扭曲（引力透镜效应），这样一来我们甚至可以看到从黑洞背面传过来的光，从而看到整个宇宙。

　　我们加速到接近光速，根据相对论效应，在太空飞行速度越快，时间流逝越慢（时间膨胀）。随着我们继续深入黑洞，时间膨胀对我们的影响会越来越大，这个时候回头的话，将看到宇宙未来所有发生的事件，直到宇宙灭亡。

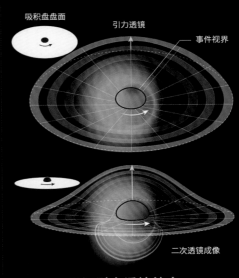

黑洞引力透镜效应

　　类似的，向前方看，黑洞中的物体经历更大幅度的时间膨胀，也就是我们可以看到从过去到现在落入黑洞的一切。一眼望去，从宇宙大爆炸一直到遥远的未来尽收眼底。不过这种场景极其短暂，因为很快我们就会跨越视界线。这个时候，我们什么也看不到了，在越来越靠近黑洞中心的过程中，潮汐力越来越大，一直到所有物质被潮汐力拉碎，以宇宙中最小的结构单位出现，原子的性质不复存在，物质不再有形状、结构、颜色。最后，黑洞的中心是个奇点，在这里所有的物理理论都失效了，也就是说，当前的科学理论还无法准确预测这里究竟发生了什么。

　　对在黑洞外面观察我们行动的人来说，由于引力红移，探测器附近的时间被冻结。外部的人们会看到探测器一直停留在进入视界线之前，即使到宇宙末日也看不到我们坠入视界的那一瞬间。

没什么比发现宇宙奥秘更浪漫了

——访中国科学院高能物理所粒子天体物理中心主任张双南

艺术与科学是相通的

科学是理性的，艺术是感性的，两者似乎没有什么关联，可张双南却在中国科学院大学开设了一门课程——科学方法与美学。他认为，科学与美学、艺术有很多相通之处。

在他看来，科学家看事物，总喜欢"找相同"，然后把相同之处归纳出来，形成科学规律。审美也是如此，也要从不同类型的美中找到共性，这才是美的本质。同时，科学是对自然的审美发现，而艺术是对生活的审美创造。两者都有"审美"，这是它们相同的地方。

"其实，科学更多的是发现，艺术更多的是创造，不管是发现还是创造，都要有想象力、有独立的思考，这也是科学和艺术共同需要的。"张双南说。

也正因为此，张双南在研究、思考时，总是有着他独特的艺术浪漫，比如他相信：宇宙有外星人的存在。

"有一个方程叫作'德雷克方程'，根据它我们可以大致估算，在银河系中外星文明的数量大于1，即除了人类之外，至少有1个外星人，最多有多少目前还无法知道。"张双南一想到这一点就很满足，"至少在宇宙中我们不那么孤单。在宇宙中完全没有希望找到朋友，是很绝望的一件事情。就好像在沙漠里，当你完全没有希望找到另外一个人的时候，你会多么地绝望。"

当然，让他感觉最浪漫的事儿，还是他自己的研究："每过一段时间，我就会成为这个地球上第一个知道宇宙中某个奥秘的人，这是非常浪漫的一件事。"

总要有人关注人类未来

虽然张双南是一个非常具有艺术浪漫气质的科学家，但他还是常常被问到一些非常现实的问题：研究星空有什么用？为什么要仰望星空？

对此，张双南有自己的理解和执着："我们需要解决甚至要重点去解决眼下的问题，但如果只关注眼下，我们可能就没有未来。"

在他看来，宇宙就是人类最重要的未来。"亿万年后，地球不可避免地要毁灭。或许不必每个人都关注千万年后的宇宙，但人类整体是不能不关注的，总要有一部分人关注人类的未来。"

此外，神秘的宇宙也是人类天然的向往。动物仰望天空的时候可能没有任何感觉，但从最原始时期，人类就以各种方式探索天空，人类对天空的好奇从未停止。张双南说："仰望天空有个好处，便是让人意识到自己的渺小。宇宙如此宏伟且令人着迷，我们人类应该谦卑。"

尽管人类在宇宙中微不足道，但也很伟大：我们知道宇宙在什么时候怎么产生的、知道宇宙的边缘有什么、宇宙里发生过什么事情……从这个角度来说，一代又一代天文学家通过努力的工作，为人类带来了颠覆性的宇宙认知。

张双南对宇宙的认知，主要来自他当下最关注的项目——"慧眼卫星"。

"慧眼卫星"是中国第一颗空间 X 射线天文卫星，这名字取自于他的研究生导师之一、有"中国的居里夫人"之称的何泽慧先生。张双南说，通过慧眼卫星，我们进一步发现了新的宇宙之美，比如最靠近黑洞的喷流，它几乎以光速飞离黑洞的。

和人一样，星球也有生有死。张双南觉得，宇宙是一种特殊的"生命体"，宇宙当中不是一开始就有恒星的，而是一堆一堆的气体，因为内部引力作用，气体相互吸引，最终在中心层发生核反应，然后就产生太阳一样的恒星。很多年后，恒星内部核反应的燃料用完了，"嘭"一下就炸开了，最终变成白矮星、中子星或黑洞，"这也是一个生命的过程"。

保持好奇心，寻找好的答案

为了让更多的人了解天象，张双南经常参与一些科普活动。在他的记忆里，有件事让他印象深刻。

有一次，他受邀前往一所大学交流。学校提了一个要求，希望他能够给本科生、硕士生、博士生分别上一堂课。在讲完所有的课后，张双南发现一个现象：学历越高的课堂上，提问的人越少。似乎好奇心随着年龄的增大逐渐下降。

他觉得这是一种不太好的现象。因为无论是科学研究，还是其他许多领域，好奇心都是创新的源泉和动力。所以，他经常鼓励孩子们多提问题，多思考问题，他说："没有愚蠢的问题，只有愚蠢的答案；但愚蠢的答案不是坏事，正是因为有愚蠢的答案，才需要我们去找好的答案。"

浩瀚的宇宙还有无数的奥秘等待人类去发现，尽管已近花甲之年，张双南依然满怀好奇心，借助各种"慧眼"，向着广袤的宇宙继续前进，去寻找新的宇宙之美。

看，天象

👤 袁凤芳（中国科学院国家天文台科普主管　广州市天文爱好者协会秘书长）

常见的天象有什么？

彗星

流星

» 为什么会有流星雨？

彗星在远离太阳时是一个由水、氨、甲烷等冻结的冰块和夹杂许多固体尘埃粒子的"脏雪球"。太阳每时每刻都会发出太阳风，彗星在靠近太阳时，冰块会变成水蒸气，太阳风也会把在冰层表面的碎石块吹离彗星，碎石块不断落到彗星的轨道上。而彗星围绕太阳的轨道和地球围绕太阳的轨道有重合的地方，每次地球运动到和彗星轨道重合的地方，就会遇到遗落的碎石块，单个碎石块被吸引到地球大气层中，就会形成流星，大量的碎石块在一段时间内掉落到地球大气层，就会形成流星雨。

≫ 对着流星雨许愿真的能成真么？

　　因为地球每年都定期经过彗星轨道和地球轨道重合的地方，所以同一个母体彗星每年发生流星雨的时间，差不多都是固定的。例如，每年8月13日左右的英仙座流星雨、每年12月14日左右的双子座流星雨和每年1月3日左右的象限仪流星雨，是北半球三大流星雨。流星发光，本质上只是一种普通的物理现象，所以对着流星雨许愿，不会帮助愿望实现哦，不过大家可以通过自己的努力使愿望成真。

地球穿越彗星的
轨道时发生流星雨

太阳

地球

≫ 怎么观测流星雨？

　　观测流星雨，只需要用到眼睛，不需要望远镜。通常天文爱好者们会在流星雨极大的时候，到郊外光污染较小、视野开阔的地方，躺下长时间看着天空，等待流星的出现。也可以用相机广角镜头进行长时间连续的（5~10秒一张曝光时间）曝光拍摄，以守株待兔的方式，拍摄流星。

·········· 彗星在其轨道上残留的物质

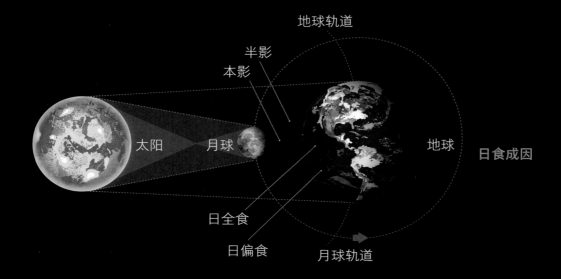

地球轨道

半影

本影

太阳　　　月球

地球

日食成因

日全食

日偏食

月球轨道

🌀 日食

≫ 为什么有日食？

　　地球围绕太阳公转，同时月球围绕地球公转。太阳距离地球远，但是太阳体积很大；月球距离地球比较近，但是月球体积比较小，刚好我们在地球上看到的太阳和月亮差不多一样大。

　　当月球移动到太阳和地球之间，三者几乎在同一条直线上时，从地球上的一部分地区会看见月球挡住了太阳，即发生了日食。

≫ 如何观测日食？

　　观测日食的时候，需要特别注意保护眼睛，因为除了日落日出和多云、阴天的时候，太阳光都会比较猛烈，我们直视太阳时，会感觉很刺眼，看不清太阳的轮廓，所以发生日食时，除了日全食，我们基本上看不清楚。所以需要提前购买日食观测眼镜，以保护眼睛，避免受到太阳光的伤害，这样也可以看清楚日食的情况。

　　如果用望远镜观测日食，则需要在望远镜的物镜前加上太阳滤光膜或者太阳滤光镜，我们一般使用巴德膜（太阳滤光膜），将它放在望远镜的物镜前面，让巴德膜先减弱太阳光，再使太阳光通过望远镜镜片到达我们的眼睛。另外，也可以使用投影法，让太阳通过望远镜，投影到一张纸上面。还可以通过小孔成像的方法，把太阳的样子投影到墙上，例如，把洞洞鞋放到正在发生日食的阳光下，影子上会有穿过小孔的太阳的样子。

☾ 月食

≫ 为什么有月食？

当月球移动到地球的影子里时，地球在太阳和月球之间，三者几乎在同一条直线上时，就会发生月食。在发生月全食的时候，月亮不是黑色的，而是红色的，是因为太阳光穿过地球的大气层，发生了折射，红光折射到了月球表面，再反射到地球，其他颜色的光几乎都无法到达月球。月亮本身不发光，但是反射红光时，我们就会看到红月亮。

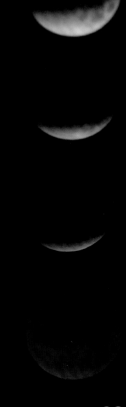

≫ 如何观测月食？

观测月食比观测日食简单，发生月食的时候，光线不刺眼，直接用肉眼观测也可以，用普通的望远镜观测也可以。

现在我们可以通过手机或者相机，用固定拍摄的方法，把日食和月食的过程拍下来，后期处理成葫芦串，展示日食和月食的过程。

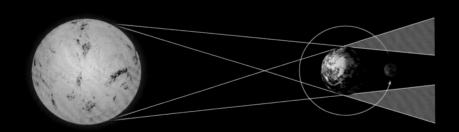

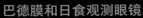

巴德膜和日食观测眼镜

👤 袁凤芳（中国科学院国家天文台科普主管 广州市天文爱好者协会秘书长）

什么样的望远镜可以观察星星？

目前，市面上的入门级天文望远镜几乎都可以用来观测星星，这些望远镜已经比四百多年前伽利略自制的望远镜好多了。

🔄 双筒望远镜

最简单的是双筒望远镜，可以让使用者看到平时看不到的星星、星云和星系，使用这种望远镜进行观测，只需调整焦距即可。双筒望远镜上均标识着 10×42，8×32 等字样，前者代表倍率（放大倍数），后者代表物镜直径（单位：毫米）。倍率越大，看到的东西越大，但是望远镜里看到的天空范围比较小，比较难找到目标。另外，我们手持双筒望远镜时会因为手抖而看不清楚东西，甚至头晕眼花。所以我们不需要盲目追求大倍率。物镜直径越大，代表望远镜接收的光越多，看得越清楚。但是物镜直径越大，也会越重。所以高倍和大口径的双筒望远镜，通常都会匹配一个脚架支撑。市面上也有防抖的双筒望远镜，会降低手抖的不良影响，不过价格偏高。

🔄 挑选望远镜

关于平时常见的单筒天文望远镜，有些望远镜不好操作，不容易固定，很难寻找和固定目标，所以我们推荐刚入门的天文爱好者选择一些质量较好的入门级望远镜，如一些经典的品牌望远镜。

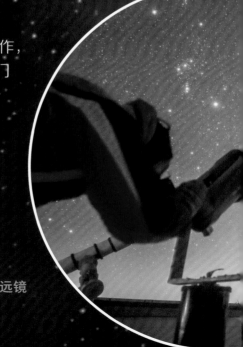

使用双筒望远镜

入门级望远镜一般都是手动跟踪目标，如果购买带有 goto 自动寻星的望远镜，则需要操作者首先对它进行初始化操作，这对入门级的人来说，难度比较高，可能造成望远镜长期闲置的现象。所以在购买望远镜之前，需要使用者有一定的天文知识基础，了解星空的运行、望远镜的基础知识。另外可以和本地的天文爱好者交流器材的使用方法，多看看资深爱好者使用的器材，看是否适合自己使用。

　　大家需要根据个人情况购买适合的望远镜，例如是否有车运输器材，还是要自己背着器材到户外观测。还要考虑要达到怎样的效果，看到什么目标，如果只是在大城市观测，不到户外观测，则通常只能看到一些明亮的目标，如太阳、月亮、木星、土星、火星、M45 昴星团、M42 猎户座大星云等。如果什么想法都没有，则可以先买一个双筒望远镜或者其他入门级天文望远镜。

M42 猎户座大星云，使用望远镜和赤道仪配合长时间曝光拍摄。

没有使用赤道仪，长时间曝光后，星星形成一条线。

白色部分是星野赤道仪，
带动相机或者望远镜跟踪星空。

♻ 拍摄星空图

　　如果需要拍摄深空（星云、星系等），那么一般的入门级望远镜和平地式望远镜则不适合。拍摄深空，需要用赤道仪带着望远镜跟踪星空，一般都是电动的，并且比较重。如果想使用比较轻的设备拍摄深空，也可以选择单反＋长焦镜头／小型 6 寸望远镜＋星野赤道仪。

　　使用口径越大的望远镜拍深空的效率越高，但是口径大代表重量大，也代表需要的赤道仪更大、重锤更重，便需要使用汽车将器材运到郊外。现在还有远程天文台，就是在光污染少的地方，放置一套全自动拍摄深空的望远镜，通过网络，在家操作远方的望远镜，拍摄天文深空照片。

国家天文台兴隆观测站上空的银河

同一区域拍摄，上图右上角月亮升起，下图月亮下山了。光污染或者满月的光会影响星野拍摄，上图天空太亮，导致无法拍到暗淡的银河。

使用赤道仪带动相机跟踪星空，长时间曝光后，星星在照片上不移动，但是地面上的光形成了线段。

拍到累积几小时的同一个目标的深空照片后，还需要后期处理，如把这些照片叠加、去噪点等，这样就可以得到一张漂亮的深空照片。但是要知道这些深空天体在哪里，以及拍摄器材的使用方法，这都是需要花时间去学习和了解的，并不是拥有了器材，就能够拍到漂亮的照片。

　　若是拍摄银河这种广角的星空照片，则不需要天文望远镜，用手机或者单反＋广角镜头，在光污染少的郊外，月亮不出现或者比较小的时候，使用三脚架固定相机，长时间（15～30秒）曝光，或者用小型的星野赤道仪帮助相机跟踪星空，就可以拍摄到漂亮的广角星空照片。再通过后期处理，就可以让这些照片更加漂亮。

👤 **朱进**（北京天文馆研究员 《天文爱好者》杂志主编）

真的有外星人吗？

对外星人的探索

从概率上讲，广袤的宇宙中，只有一个行星（地球）上有人类这样高等、智慧的生命体，概率很低。举个例子，银河系有几千亿颗恒星，对应的像地球这样的行星数以万亿计，所以只有地球上有智慧生命的概率能有多高？天文研究人员大多认可宇宙中存在外星人，只不过还没有发现。

早在 20 世纪 60 年代，天文学家就试图用射电天文望远镜探测来自我们太空中不同方向的无线电信号，希望能够收到外星人的信号。同时，我们已经向宇宙中恒星密度相对较高的地方——武仙座球状星团 M13 的方向，发出含有人类的信息。但是它离我们两万五千多光年远，信号要在两万五千多年以后才到；如果"他们"回复我们一句话，也要再过两万五千多年之后我们才能收到。

有着"中国天眼"之称的 FAST，它的科学研究目标中就有一个搜寻外星人信号的任务。不过，尽管射电信号的传输距离可以没有限制，但是能不能探测到远方的信号跟信号强度和探测能力密切相关。举个例子，假设在 2000 光年外的星体上有外星人在看电视，电视同时发射无线电信号到外太空，FAST 是不可能探测到的。极端的情况例外，比如那里发生了核战争、有星际飞船不断加速飞往其他星球等。

地外生命的概念要更广泛，包括微生物。根据我们现在的天文研究，在未来十年左右的时间里，我们有可能会发现地外生命，天文学家会告诉我们"它们"在哪。因此，我们未来还需要更多的天文观测。

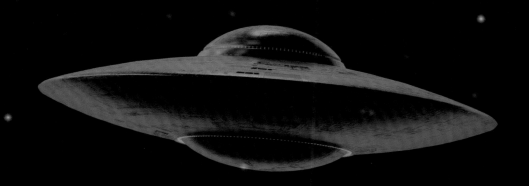

UFO 是怎么回事？

　　说起外星人，大家多数时候会想到 UFO。UFO 是不明飞行物的英文缩写（Unidentified Flying Object），大家会发现媒体在报道 UFO 的时候会赋予它一些神秘色彩，以引起人们的关注。但实际上 UFO 只是不明飞行物，只是部分人当时无法解释所看到的物体或光影，而这些物体或光影其实绝大多数都是可以用一些现象解释的，把这些现象归因到外星人身上，是一种偷懒的表现。

　　各主流媒体其实都报道过 UFO，甚至会把 UFO 跟飞碟、外星人联系起来。但是那些我们看到的 UFO 事件，都跟外星人没关系，也没有表明 UFO 是飞碟的证据。

　　说到天外访客，有件好玩的事情。2017 年，天文学家发现了第一个来自太阳系以外的恒星际小天体，我们叫它"奥陌陌"。所有小行星都是绕着太阳转的，但是这个小天体不是，它是从别的地方来的，当时有些人觉得它是外星派来的。

M13 星团

"我关注的事儿都在天上"

——访北京天文馆研究员、《天文爱好者》杂志主编朱进

朱进能成为天文科学家其实是个意外。

刚上学那会儿，朱进心中的大明星是侦探、警察、特工、军人。后来他接触天文只是因为中小学时数学特别好。

年少与天文结缘

朱进4岁时随父母离开北京，在河北邢台完成了小学和初中的课程。家长看到他在数学上有天赋，觉得"应该培养一下"，就找了一位老师辅导他数学。

命运就是如此安排。这位辅导老师，是南京大学天文系天体力学专业的第一届毕业生，对他产生了深刻的影响。从那时起，朱进隐约知道了天体力学这回事儿。高考时，他第一志愿填报了北京师范大学的天文系。

"我1981年参加高考，那时候16岁，还在爱玩的年龄，感觉也没怎么学习，稀里糊涂就上了大学。"朱进说，在大学校园里，他才真正了解并喜欢上了天文，直至1991年在南京大学天文系拿到博士学位。毕业后，他来到中国科学院国家天文台工作。

把朱进博士毕业后的31年分成两段，前11年是在国家天文台，后20年几乎都在北京天文馆。前一段的经历中，朱进做科研多过做科普，后一段经历则刚好相反。

"两段经历都很有意义，也都很开心。在天文台，做的好多事都'跟人没关系'，不跟人打交道；但在天文馆不是，我做了17年馆长，有很多管理事务，另外，做科普我还要和公众、媒体打交道。"朱进说。

就像在媒体和公众面前呈现的那样，朱进是个好脾气的人。这可能与他所从事的天文事业有关系：关注的事儿都在天上。

"撞击"出研究热门

在国家天文台工作的后面几年，朱进主要研究小行星。选择这个方向，还有个小典故。

天文科学大多数要抬头看天，不问人间烟火。像宇宙学、黑洞这些，朱进觉得都跟人类扯不上关系。

1994年，机缘巧合下，朱进主持了北京施密特CCD小行星搜寻项目。到2001年，项目组共发现了2728颗获国际小行星中心暂定编号的小行星，其中已有1214颗获得永久编号和命名权。

1994 年还发生了一件轰动的大事件——"彗木相撞"事件：在短短 5 天多的时间里，太阳系中的最大行星木星被"苏梅克－列维 9 号"彗星的 20 多块千米级直径的碎片接二连三地撞击，能量当量相当于 20 亿颗原子弹持续爆炸。

在地球上观测到这一惊人过程的人类脊背发凉：如果彗星碎片或小行星撞击的是地球，该怎么办？

"有好多事儿，到跟前了再研究就来不及了。近地小行星就是这样，不能等小行星要撞了，再去想办法搞定它。"

"不接地气" 最重要

许多人说天文不接地气，这让许多天文爱好者最后没能从事这一行业。但在朱进看来，天文科学最重要的就是不接地气的部分。

"天文最重要的部分，可能恰恰是跟我们'没关系'的方面。作为基础研究，出发点不该是考虑它有没有用，而是纯粹由好奇心驱动的。"朱进说："我想其他基础研究也是如此，它们之所以重要，可能恰恰来自不接地气——并不是所有的事都要考虑是否实用，我们要关注的是怎样让年轻人对它们充满好奇心。"

说到这里，朱进举了个例子。

原计划在 2007 年发射的詹姆斯·韦布太空望远镜，初始预算是 5 亿美元。之后一直因各种问题推迟发射，2021 年 12 月，预算被追加到 100 亿美元左右，超预算达 20 倍，创造了望远镜建造历史之最。2021 年 12 月 25 日，韦布望远镜才正式踏上它的太空之旅。

"这件事儿放在别的领域不敢想象。但这就是人类对未知事物的好奇驱动的结果。"朱进说，"天文学就是如此，它关心的事情非常遥远，但从人类全面发展的角度，这些是需要的，不必要每件事都有很强的目的性。"

"不怕犯错" 的科学

天文学中要用到许多技术和手段，包括大数据、数值模拟、人工智能（据说 FAST 还要借助 AI 寻找超新星）、超级计算机等。但在朱进看来，最重要的还是观测手段。

"可观测宇宙的范围是一千亿光年尺度，我们希望知道宇宙从大爆炸开始到现在的事情，观测能力是重中之重。"朱进说，"探测不仅有空间概念，还有时间概念，观测手段从可见光、电磁波延伸至引力波。这需要好奇，也需要运气，去邂逅重要的发现。"

不过，宇宙中的风吹草动，距离我们太遥远了，天文科学家也有可能错过什么，或者搞错什么。

"在天文学中犯错误是可以被接受的。"朱进一本正经地说，"观测理论、仪器、技术三者结合在一起本来就很难，天文科学家一定是会犯错的。""科学家是经常犯错的一个群体。不要宣传科学家都是一贯正确的。"

说起来，朱进也不知道自己为何如此热爱天文。但他在凝视天空、看到什么东西一闪而过或不同以往的现象时，会"头皮发麻"，即便有时候只是因为镜头前飞过了一只萤火虫。

这也解释了他为何能够一连 19 天扛着相机、满世界追着中国空间站在我国上空过境——"天宫"过境有许多不确定性，每次的时间、方位、高度、亮度都不一样，能赶上两次就已经足够幸运了，更别说连续拍摄 19 天。

但朱进做到了，驾车追、打"飞的"追，这些事情放在一个年近六旬的科学家身上显得有点儿疯狂。可以说，"追星"时的朱进，更像一个天文"发烧友"。

"有时间还是要仰望星空。"朱进说，他也把这句话送给那些喜欢天文的朋友们。

我问 我答 梦想秀

① 如果邀请你来设计一款航天服，你会给它设计哪些功能？

● 助眠功能，让航天员能够免于失眠的困扰。
（北京实验二小广外分校 仇昊霖）

● 颜色自动变换功能，可以根据航天员的心情变换不同的颜色。
（河北省宁晋县第二中学 乔诺惜 😊）

● 保暖，轻便，清洗容易，穿着方便，有翅膀，智能化，可以随温度变化自动调节航天服温度。（宣威市第一中学 蒋美娟 😊）

② 如果邀请你来设计一艘宇宙飞船，你会给它设计哪些功能？

● 设计花园、游泳池等，这样就可以一边漫游，一边悠闲自在地生活，就像在一艘大游轮上面一样。（深圳市南山区前海小学 孙文）

● 外表可变形而且好看、多功能、环保。（宁晋县第二中学 米嘉欣 😊）

● 宇宙飞船能自动飞行，有超强的感应能力，能预测最近距离的物体，能自动破解外来电波密码。（曲靖经济技术开发区第一中学 高瑞丽 😊）

③ 如果还有其他星球适合人类生存，你会去那里生活吗？

● 会的，我想成为一个星球拓荒者，靠自己创造出一个新世界。
（南京市南化实验小学 杜凌旻）

● 会，因为我觉得去其他星球会有不一样的感觉，可以发现很多不一样的新奇事物，可以做很多不一样的事。（会泽县茚旺高级中学 刘永梅 😊）

● 不会，因为我觉得地球是最好的，这里有蓝天、白云、绿水青山，还有我们的家人、朋友，还有一些温暖我们的人，在这里我们是最幸福的，我们的根生在这里，无论如何我们都不能忘了我们的家园——地球。（宣威市民族中学 马丽娥 😊）

④ 如果你此时正在空间站中，你最想做什么？

● 我最想飘起来跳一曲敦煌莫高窟的飞天舞。飞天是中国传统艺术形象
的代表之一，千年来在壁画上表现着人们的幻想以及对快乐、幸福与美
的追求。如果可以进入空间站，我想在空间站里跳一曲飞天舞，真实地展现
出飞在空中优雅飘摇的姿态，反抱琵琶一曲飞天，把中国传统文化送上太空，
把千年的童话变成现实。我希望将来人类还可以登上月球生活，像嫦娥那样。
（北京育民小学　杨知白）

● 我最想给地球拍好多好多的照片，带回去，让同学们看看。
（河北省宁晋县第二中学　李玉婷 😊）

● 我想在空间站里喝水、吃东西，并利用网络和家人、朋友们做互动，一起感受
太空站的奇特之处，然后在太空站里做些体育运动，看看和日常有哪些不同。
（宣威市民族中学　蒋爱民 😊）

⑤ 如果可以进行太空旅行，你最想带上什么东西？

● 太空里不分日夜，我想带上一盆昙花，看看它什么时间开放。同时还想带
上我的小猫咪，看它在太空中是怎样奔跑、睡觉的。
（厦门市同安区第二实验小学　何悦泽）

● 我想把 2022 年想对自己说的话写在纸条上，装进漂流瓶，带上太空。同时
也把过去所有的烦恼都带上去，真切地体验一下太空中没有压力的环境，
体验在太空中自在遨游的感觉。（曲靖市第一中学　杨冉 😊）

● 我想带上相机，把太空的一切拍下来。然后研究太空的水、太空的
空气、太空的山、太空的美景、太空的食物。让人可以住在太
空上！（曲靖市第一中学　蒋灿 😊）

6 如果外星人和你成了好朋友，你最想和他（她）一起做什么？

● 我最想和他（她）一起去他（她）的星球听一场演唱会，看外星人休闲和交流的方式，了解他们的文化与文明。（南昌市民德学校 江元泽）

● 我最想和他（她）互相了解一下各自星球的不同，看看有没有差异，可以的话，我想带外星人朋友来地球玩一下，让外星人朋友感受一下我们的热情。（宣威市第一中学 陆金晶 😊）

● 我们一起去探索宇宙，我会让他（她）带着我游玩宇宙中一切好玩的景点，带我去吃宇宙中不同的食物，感受他们那里的风俗习惯与我们星球的有什么不同。（曲靖市经济技术开发区第一中学 杨蓉 😊）

7 如果穿越黑洞可以时光倒流，你最想回到什么时候？

● 最想回到唐朝，感受那个朝代的盛世风貌。（厦门市同安区第二实验小学 周湛腾）

● 回到小时候，一切重新来过，这样可以弥补很多遗憾，在很多事情上做得更好。如果条件允许，我也很想进行一次时空旅行，看看古今中外的变迁。（曲靖市第一中学 陈曦 😊）

● 回到我妈妈的小时候，现在的她太累了，家里有老有小，很辛苦，希望回到她小时候，外婆没有去世，兄弟姐妹在一起，我想让她的生活多些甜少点苦。（宣威市第一中学 柴喜月 😊）

8 如果宇宙有味道，你觉得闻起来是什么气味？

● 我觉得应该是青苹果的味道。因为宇宙在不断膨胀，不断生长，那味道犹如清新的大自然。（南京市旭东中学 李宇欣）

● 我觉得应该是薄荷味的。夏天快到了，闻什么都感觉清清凉凉的。（曲靖市第一中学 浦芸 😊）

● 那一定是春天的味道，花开的味道，万物复苏的味道，宇宙里一定充满着朝气，有活力。（宣威市民族中学 余春锦 😊）

扫码参与我问我答活动

9 如果宇宙有边界，你觉得边界外面是什么？

- 我很小的时候就一直在思考：宇宙外面是宇宙，那宇宙就没有尽头。但宇宙一定有尽头，因为如果没有尽头，这个宇宙就消失不了，如果消失不了，就不能产生新的，如果不能产生新的，那我们这个宇宙又从哪里来呢？就像我们的星球也会消失，也需要重新产生，如果星球有更新，那么宇宙也就应当有更新。所以，也许这个宇宙边界外面是一张"白纸"，我们的宇宙在一张巨大的"白纸"上，这"白纸"上还有巨大的火球——太阳，也有一些行星；其他星系也是这样的。我们这个宇宙外面是平坦的。（北京市育民小学　杨知雄）

- 如果宇宙有边界，我觉得边界外面还有个世界。因为山的那边还有山，就像国与国之间，有的隔着一条河，有的隔着一条马路，有的隔着大海。（曲靖市第一中学　李朝月）

- 平行时空。（曲靖市第一中学　顾瑶仙）

10 如果平行世界里还有另一个自己，你觉得他（她）正在做什么？

- 平行世界里的另一个我住在火星上一个大大的农场，我就是那里的主人。紫色的屋顶，白色的墙，房前屋后被鲜花装点，都有一人多高呢！这里没有汽车尾气，没有排污工厂。我在农场养了很多小动物，每天摘摘果子，收收蜂蜜，喂马儿吃美味的干草，没有课外班，没有作业，身手矫健的我，骑着马儿在农场快乐驰骋。（北京石油附小　陈梓睦）

- 或许在完成我没有完成的遗憾或我不敢做的事情。（宁晋县第二中学　曹雅诗）

- 可能在做着自己喜欢的事；可能在读书，为自己的梦想而努力奋斗着；也可能已经成为一个大人，有了自己的家庭，每天为柴米油盐酱醋茶而奔忙。（曲靖市第一中学　周淇）

103

　　"我问我答"梦想秀栏目中，每个问题的后面两个回答，均来自 InnoGirls（科技女孩）项目的女孩。该项目由腾讯与中国儿童少年基金会共同发起，是腾讯青少年科技学习中心针对春蕾女孩开设的公益项目，为春蕾女孩输送科技课程、实践营地和一系列关怀帮扶活动，旨在以科技教育助力女孩科技素养与职业成长，为春蕾女孩提供优质的互联网科技学习与视野拓展机会。InnoGirls 联动腾讯内部上百名志愿者和多个业务团队，目前已向甘肃、河北、云南、江西等省的春蕾女孩提供互联网科普课系、青少年通识素养与职业发展课系、腾讯志愿者成长帮扶、春蕾女孩科技营地等一系列培养内容，形成了完整的春蕾女孩科技素养提升体系。用公益、创新、多元的互联网科教模式，启发春蕾女孩对科技的兴趣，培养自强、自信、创新、进取的新一代科技女孩，该项目在未来将持续扩大至多省多地区。

星空有无尽的美丽，
宇宙有无数的奥秘，
希望青少年朋友们
热爱科学，保持好奇心，
发挥你们的想象力，
将来你们就是这些美丽
和奥秘的发现者。

中国科学院高能物理所
粒子天体物理中心主任

编委会成员